功能化MOF的设计制备与应用

——典型农业化学污染物的识别与传感

刘广洋　吕　军　徐东辉　编著

中国农业科学技术出版社

图书在版编目（CIP）数据

功能化 MOF 的设计制备与应用 ： 典型农业化学污染物的识别与传感 / 刘广洋，吕军，徐东辉编著．-- 北京 ： 中国农业科学技术出版社，2024．12． -- ISBN 978-7-5116-7149-3

Ⅰ．X592；TP212.2

中国国家版本馆 CIP 数据核字第 202427L2M8 号

责任编辑	王惟萍
责任校对	王　彦
责任印制	姜义伟　王思文

出 版 者	中国农业科学技术出版社
	北京市中关村南大街 12 号　　邮编：100081
电　　话	（010）82106643（编辑室）（010）82106624（发行部）
	（010）82109709（读者服务部）
网　　址	https://castp.caas.cn
经 销 者	各地新华书店
印 刷 者	北京科信印刷有限公司
开　　本	185 mm×260 mm　1/16
印　　张	12
字　　数	242 千字
版　　次	2024 年 12 月第 1 版　2024 年 12 月第 1 次印刷
定　　价	68.00 元

编 委 会

主　编　刘广洋　吕　军　徐东辉

副主编　陈　鸽　许晓敏　刘　佳　陈　晶　林志豪

参编人员（按姓氏笔画排序）

丁　欣	王　健	王　淼	尹　晨	石炜业
平　艺	刘中笑	刘俊江	刘雪松	刘蓓蓓
刘新艳	许晓波	花雨薇	李　辉	李凌云
李敏洁	杨可欣	佘永新	宋　晓	张　幸
张　萌	张延国	张静媛	陈　鑫	陈玲珑
武志健	林　桓	周　杰	赵一明	侯雨杉
宫　宁	秦　琳	秦光利	徐　丹	高　苹
黄艳艳	曹佳勇	曹晓林	戚晨雨	盛　彬
梁志红	逯文晶	韩佳彤	温晓彬	翟荣启

　　蔬菜是我国重要的经济作物，在农业增效、乡村振兴和农业强国建设中发挥着极其重要的作用。随着生活水平的不断提高，追求蔬菜品种多样化、功能专用化（商品品质、风味品质和保健价值）以及产品的优质安全已逐步成为人们新的消费主题。食品安全特别是农产品质量安全一直是全社会关注的热点，习近平总书记强调："要切实提高农产品质量安全水平，以更大力度抓好农产品质量安全"。蔬菜生产过程中存在着农药残留、环境污染等问题，亟须加强蔬菜产品质量安全监测、检测研究和技术创新。

　　金属有机框架是由金属簇或离子和有机接头组成的聚合物杂化材料，是一种可构建提供表面积和结晶度的结构，具有可调的结构和孔径、优异的催化能力和较大的表面积等优点。金属有机框架的多种结构可以通过选择合适的配体、金属中心、反应条件和修饰策略来调整。由于其各种优异特性，金属有机框架被广泛应用于吸附污染物、气体分离和储存、催化、药物输送和分子传感等领域。尤其在典型农业化学污染物的识别和传感中应用前景巨大，具有高选择性和特异性。因此，可以借助金属有机框架材料的理化性质和功能特性，不断开发用于农产品质量安全和蔬菜产业可持续发展的技术，提升农产品质量安全水平、筑牢绿色优质农产品有效供给保障，为蔬菜产业提质增效、高水平农业科技自立自强提供技术解决方案和科技智慧。

　　目前，国内外已经有多部总结介绍多孔配位聚合物和金属有机框架材料及其衍生材料在吸附、分离、催化、离子导电等领域的专著，但是国内迄今未有关于功能化金属有机框架材料在农产品及蔬菜产品质量安全相关领域应用介绍的专著。因此，我们组织了相关研究领域的专家学者，按各人的专长分工，撰写了这一比较简明的综述性专著，以期通过这本书籍为相关研究领域的专家学者和研究生提供该领域研究的基本概念和进展状况。在国家现代农业技术产业体系建设专项基金项目（CARS-23-E03）、国家蔬菜产品质量安全风险评估任务、中国农业科学院科技创新工程（农科英才）、国家盐碱地综合利用技术创新中心、农业农村部蔬菜质量安全控制重点实验室、农业农村部蔬菜产品质量安全风险评估实验室（北京）等支持下，我们完成了本书的撰写。

本书紧密结合设计理论和实际应用，对国内外相关研究报道进行了比较全面的总结梳理，对支撑政府质量安全监管和促进农产品质量安全相关学科的发展都将起到积极的推动作用。由于编写时间仓促，书中难免会有欠缺和疏漏之处，敬请各位同仁与广大读者批评指正。

编 著 者

2024 年 11 月于中国农业科学院

目录
Contents

第一章

MOF 的设计制备原则

1.1　引言

20 世纪 90 年代末，一种新型的无机-有机杂化框架的多孔化合物对多孔材料领域产生巨大的影响，这种材料就是多孔配位聚合物（porous-coordination-polymers，PCPs），也称为金属有机框架（metal–organic frameworks，MOF）。MOF 是由金属离子与有机配体通过配位键组装形成的化合物，具有从微孔到中孔的规则孔道，较大的孔表面积，以及高度可设计的框架、孔形状、孔径和表面官能团。有机配体丰富的功能性、可设计性以及金属离子的可定向性和物理性质对于各种功能的设计具有重要意义，不仅使其具有传统的吸附、存储、分离和催化等性能，而且还可以将其他物理 / 化学功能集成到框架中。而 MOF 的配位键和其他弱相互作用或非共价键（氢键、π—π电子堆积或范德华力）的相互作用赋予其结构灵活性和动态的结晶状态，这也促进 MOF 在多孔材料领域的进一步应用。随着对合成技术和知识的深入理解，通过充分利用化学组成和拓扑结构的特点，大量功能化 MOF 被设计和开发出来。本章主要介绍 MOF 的结构设计原则、命名法则、分类、合成方法以及相关的重要特性。

1.2　结构设计原则

1.2.1　金属离子和有机配体的特性

MOF 是将金属离子（metal ion）或离子簇（ion clusters）与有机配体（organic linkers）以配位键的形式结合设计而成的一维至三维的周期性结晶多孔结构材料。MOF 通过金属节点和有机配体之间的配位键和弱相互作用力连接，使其结构具有灵活性和多样性。金属节点是 MOF 的配位中心，金属的配位数改变了 MOF 的晶体结构。

最常用的金属离子是二价离子，特别是第一过渡系的 Mn、Fe、Co、Ni、Cu、Zn。这些金属具有合适的软硬度，与氧和氮等常见给体原子的配位具有适中的可逆性。配位强度也不差，但比共价键弱得多，所以构成的 MOF 化学稳定性较差。二价铜在高温下容易被还原，故二价铜 MOF 的热稳定性往往低于 250℃。一价铜和银离子的配位几何容易预测，也是组装配合物常用的金属离子。但是它们属于软酸，往往需要含氮配体。另外，它们对光、热或水比较敏感，在合成过程中容易被氧化还原。一价铜和银离子形成的 MOF 稳定性通常比较差，只有采用特定的配体才能组装出具有足够稳定性的 MOF。不过，由一价铜和多氮唑阴离子组装的 MOF 往往具有相当高的热稳定性。

三价稀土离子属于硬酸，适合与含氧配体配位，因为其 d 轨道是充满的，所以形成的配位键基本上属于离子型，几何取向较难预测。在特定条件下，形成多核簇，可以大大增强对配位方向的控制。

其他三价的金属离子，如 Cr(Ⅲ)、Fe(Ⅲ)、Al(Ⅲ) 等，具有较小的半径和较高的电荷，极化能力非常强，与含氧配体（基本上是羧酸）形成的配位键具有较大的共价成分，所以形成的 MOF 往往具有很高的化学和热稳定性。这种特性使其在合成过程中容易与溶剂中的水反应，形成氢氧化物或氧化物，阻碍组装和晶体生长。另外，也使其容易形成羟基或氧连接的多核簇。因此，合成过程往往需要酸性环境和非常高的反应温度。四价的金属离子如 Ti(Ⅳ) 和 Zr(Ⅳ) 制备 MOF 单晶所需的酸性条件和温度更为严苛。含这些高价金属离子的 MOF 很难获得足够大的单晶，其结构基本依靠粉末衍射进行解析。

凡是含孤对电子的官能团都可以参与配位形成配合物。对 MOF 而言，桥联配体必须是有机分子，且至少含两个或两个以上的配位官能团，具有多端（multi-topic）配位能力。考虑到配位键的稳定性和有机配体的可设计性，羧酸根和吡啶类配体是合成 MOF 的主流。羧酸根是硬碱，可以与各种常见的金属离子形成较强的配位，当金属离子是三价 / 四价离子时，成键能力尤其强。而且羧酸根具有负电荷，可以中和金属离子和金属簇的正电荷，使孔道中不必包含抗衡阴离子，有利于提高孔洞率和稳定性。不过，羧酸根的配位模式繁多，不太容易预测和控制。在绝大多数知名的 MOF 结构中，每个羧酸根通常采取顺式双齿桥联模式与一个多核金属簇配位。吡啶及多氮唑中氮原子是 sp^2 杂化的，包含一对孤对电子，具有简单和方向明确的配位模式。但是，吡啶和大多数金属离子的配位能力较弱，而且吡啶不带电荷，需要其他成分平衡金属离子的正电荷。有些多核金属簇同时包含双齿和单齿封端配体，因此，吡啶官能团可以和羧酸根组合，或两种配体混合使用，满足特定多核金属簇的配位和电荷需求。咪唑、吡唑、三氮唑等多氮唑分子中，其中一个氮原子还连接了一个氢原子，可以脱去一个质子形成阴离子型的多端配体，故其同时具备羧酸根和吡啶类配体的优点。同时，这些多氮唑阴离子配体的碱性较强，往往能和金属离子形成较强的配位，从而大大增加所得 MOF 的稳定性。由于集成了简单组成和可控配位的优点，金属多氮唑类 MOF 的孔表面性质可以较容易调控。如果全部氮原子给体参与配位，可以形成疏水性 MOF；反之，如果氮原子给体没有完全参加配位，则可以增加孔道的亲水性，且这些未配位氮原子给体可以作为客体结合位点。

在 MOF 中，可以通过调整多端配体的桥联长度实现孔径、孔型、孔容和比表面的调控。羧基、吡啶和吡唑阴离子等作为常规单端配位官能团，可以连接不同有机基团，实现配体的扩展。例如，这些基团与苯环等连接，可以实现配体的直线形和三角形扩展；与 sp^3 杂化碳原子连接，可以实现四面体扩展；与卟啉连接，可以实现平面四边形扩展。咪唑和三氮唑本身是多端桥联配体，其桥联距离难以扩展，通常用侧基来调控节点之间的连接方式，以改变拓扑，形成不同的框架结构。

1.2.2　拓扑与几何设计

一般采用描述无机沸石拓扑结构的方法将 MOF 高度有序的结构抽象为拓扑网络[1]。通常把金属离子或金属簇作为节点（node），将有机配体作为连接子（linker）。当然，当三端或三端以上的有机配体在 MOF 中起到 3-连接子或者更高连接子的作用时，也可将该多端有机配体作为节点。拓扑网络通常采用三字母符号进行标记。其中，具有分子筛拓扑的网络采用分子筛类型记号，即 3 个大写字母，如 SOD 是方钠石结构；其他网络则采用网状化学结构资源（reticular chemistry structure resource，RCSR）符号，即 3 个粗体小写字母，如 **dia** 代表金刚石网络。具有代表性且比较简单的三维拓扑结构，即简单立方（**pcu**）、金刚石（**dia**）、方钠石（SOD）分子筛拓扑结构。有了拓扑结构的概念，不仅可以比较方便地描述和理解 MOF 的框架结构，而且可以基于节点的几何结构，选择不同长度的连接子来设计、构筑具有特定网络结构的 MOF。这一方法被概括为"基于网络法"（net-based approach）和"网格化学"（reticular chemistry）。

1.2.3　单金属离子节点的网络

常见过渡金属离子中，不同金属离子由于核外电子数目不同、离子半径不同，可形成不同的配位结构。以单个金属离子为节点构筑 MOF，就必须预先知道该金属离子的配位习性。相对于碱金属、稀土金属等金属离子，过渡金属离子的配位几何比较明确，因此比较好预测。例如，Cu（Ⅰ）/Ag（Ⅰ）容易形成直线形或稍微弯曲的 2 配位结构或者"T/Y"形 3 配位结构，Zn(Ⅱ) 可以形成比较规则的 4 配位四面体或者 6 配位八面体结构，Cu(Ⅱ) 容易形成 5 配位四方锥结构等。显然，以单个金属离子为节点来构筑具有特定网络结构的 MOF，必须选择具有合适配位结构的金属离子，再选择合适的桥联配体。

根据拓扑网络结构很容易预测，将具有四面体配位几何的金属离子 [如 Zn(Ⅱ)] 与直线形双端配体进行组装，可以获得具有金刚石网络结构的三维 MOF。同时，四面体金属离子和四面体配体也可以组装成金刚石网络结构。例如，Cu（Ⅰ）可以与 4,4′,4″,4‴-四氰基苯基甲烷（tetracyano tetraphenyl methane，L）组装出具有 **dia** 阳离子型网络的 $[CuL] \cdot BF_4 \cdot 8.8C_6H_5NO_2$。

理论上，采用弯曲双端配体与正四面体配位金属离子可以破坏理想的四面体 T_d 对称性，导致其他连接网络结构的产生，包括经典的无机分子筛拓扑结构。例如，脱质子咪唑（Him）中两个氮原子的配位键夹角（135°～145°）和无机分子筛中 Si—O—Si 角度（约 144°）很接近，可以用来构筑具有经典无机分子筛拓扑结构的 MOF 化合物。不过，采用不含取代基团的咪唑（Im）并不容易形成经典无机分子筛拓扑结构的 MOF 化合物，而是倾向于形成无孔结构。相反，采用具有取代基的咪唑衍生物与 Zn(II) 组合则相当容易形成多种多孔且具有高对称性和分子筛拓扑结构的 MOF 化合物。例如，2-甲基咪唑（Hmim）和 Zn(II) 盐通过扩散法、水热反应等途径作用，可以得到具有天然 SOD 型分子筛拓扑结构的 SOD-[Zn(mim)₂] 化合物（ZIF-8）。此类化合物还可以通过简单、温和的溶液反应进行快速、大量的合成。

在这一系列的 MOF 化合物中，咪唑配体上的取代基团对结构与性质起非常重要的作用。一方面，因为配位到同一 Zn(II) 上的各个咪唑配体的取代基团相互之间距离比较近，容易形成相互排斥作用。这种相互排斥作用因取代基的大小、形状不同而强度不同，对这些咪唑配体的相对取向影响也就有所不同。在这里，虽然取代基团并不参与配位，对四面体几何没有什么明显的影响，但对三维网络的拓扑结构可以有明显的影响。因此，不同取代基的咪唑-锌型 MOF 化合物具有多样化的拓扑结构。另一方面，这些疏水取代基位于金属离子附近，能够保护金属中心不被极性溶剂分子和质子进攻。因此，含疏水取代基咪唑的 MOF 化合物通常具有很好的化学稳定性。例如，ZIF-8 不仅可以在 420℃以上保持稳定，在包括水等溶剂中也相当稳定，故被广泛研究和使用。

值得指出的是，改变模板剂或合成条件，也可能改变咪唑-锌类 MOF 化合物的网络结构。例如，采用 2-甲基咪唑（Hmim）和锌盐（或氧化物）在某些条件下进行反应，可以得到无孔、具有畸变 **dia** 结构的 [Zn(mim)₂] 异构体。因此，简单基于金属离子配位几何和配体结构来预测其组装出来的单金属 MOF 的网络结构并非百发百中。不仅配位结构的畸变、未配位的侧基能够影响产物的网络结构，而且模板剂、反应结晶的温度等条件均有可能影响产物的网络结构。

1.2.4 基于金属簇节点的网络

很多多核金属簇的外侧是由羧基双齿配体或水等单齿配体封端的。如果用多端桥联配体取代这些端基配体，就能将多核金属簇连接形成 MOF 化合物 [16]。由于金属簇化合物通常具有刚性，其外侧配位点与有机配体的键合方向非常明确，因此，以金属簇来组装 MOF 化合物，其可设计性通常很高。这些金属簇往往可以简化为拓扑学的节点，也可以称为次级结构单元（secondary building block，SBU）。显然，SBU 的配位几何对 MOF 的网络结构具有重要的影响。

可以作为节点与有机桥联配体进行组装形成配位聚合物的金属簇很多。因此，把金属簇当作节点与有机桥联配体进行组装，可以获得结构丰富的配位聚合物。因为篇幅所限，这里仅介绍几种典型金属簇基 SBU。

最常见的簇基 SBU 为羧基配位的过渡金属簇，特别是四羧基双金属离子形成的轮桨状（paddle-wheel）双核簇 $[M_2(COO)_4]$、μ_4-氧心六羧基 $[M_4(\mu_4\text{-}O)(COO)_6]$ 四面体簇和 μ_3-氧/羟基六羧基桥联 $[M_3(\mu_3\text{-}O/OH)(COO)_6]$ 三角簇。选择合适的多端羧酸配体，可以将这些 SBU 连接成具有特定结构的配位聚合物。

轮桨状 SBU 中的金属离子可以是 Cu(Ⅱ)、Zn(Ⅱ)、Co(Ⅱ)、Fe(Ⅱ)、Cd(Ⅱ) 等，以 Cu(Ⅱ) 最为常见和稳定。这一 SBU 具有 D_{4h} 对称性，可以简化为平面四边形节点。采用双端羧酸配体，如对苯二甲酸（1,4-bdcH$_2$），可以形成简单二维四方格 **sql** 网络，通过二维网络的堆叠，可以形成微孔结构。

双核 Cu(Ⅱ) 的 SBU 的两个轴向配体（L）通常为 H$_2$O 等易离去溶剂分子，脱去端基配体后保持稳定，也易于用配位能力更强的直线形中性配体，如吡嗪、4,4′-联吡啶（4,4′-bpy）和 1,2-(4-吡啶) 乙烯等取代。这些桥联配体可以起分子支撑柱的作用，将层状结构柱撑拓展为三维网络结构。理论上，可以分别调节双羧基配体和直线形中性配体的长度，以构筑网络结构相同、孔洞大小不同的微孔 MOF。

含轮桨状双核 SBU 的 MOF 化合物中，最著名的是 $[Cu_3(tma)_2(H_2O)_3]$（HKUST-1）。该 MOF 由均苯三甲酸根 tma^{3-} 为桥联配体与轮桨状 SBU 相互连接而成，具有三维孔道（孔径 0.9 nm），且具有一定的热稳定性和化学稳定性，容易合成。同时，由于端基配位水容易脱去并保持框架稳定，具有易于结合客体分子的开放型金属位点，HKUST-1 曾经是多种气体（如 CH$_4$ 和 C$_2$H$_2$）吸附量的纪录保持者，被广泛研究和使用于吸附储存、分离、催化等领域。

μ_4-氧心六羧基桥联的 $[M_4O(RCOO)_6]$ 结构是另一种常用的簇基 SBU，具有 O_h 对称性。显然，这种 SBU 与常用双端有机双羧酸配体组合，可以得到具有三维 **pcu** 拓扑结构的 MOF 配合物。其中，最著名的是 MOF-5，该化合物 3 个方向的有效孔径都是 0.8 nm。采用不同长度的有机双羧酸配体，可以构筑出结构相同但孔道大小不同的一系列 MOF 化合物，孔洞的有效尺寸为 0.38～2.88 nm，孔洞率可以超过晶体总体积的 90%。这些数据充分说明了 MOF 化合物结构的可设计性与可调控性。这类 MOF 的热稳定性不错，但因簇中的低配位金属中心易被极性溶剂进攻，发生配位键的断裂，导致此类 MOF 化合物在溶剂（特别是极性溶剂）中的稳定性相当差。

为了提高 MOF-5 类似结构 MOF 化合物的化学稳定性，可以采用含有与羧基相似配位几何的其他有机功能基团，例如，吡唑基团部分或者全部代替双羧基配体中的羧基，与 $[M_4(\mu_4\text{-}O)]$ 形成类似 pcu 框架。含单、双吡唑的配体中，其吡唑基团含有疏水的甲基，可以明显降低极性溶剂等对配位键的破坏能力，从而有效提高材料的溶剂稳定性，并改善或改变相关性能。

1.3 命名法则

1.3.1 刚性结构 MOF

有机配体的桥接长度和非配位侧基对 MOF 的框架刚性 / 柔韧性也起着重要作用。有机配体的长框架可以更容易地弯曲，从而产生更灵活的 MOF[2-3]。$[M_2(dobdc)]$（MOF-74/CPO-27，$H_4dobdc=$2,5-dioxido-1,4-苯二羧酸）是一种典型的刚性 MOF 结构，具有三维蜂窝状配位网络和一维通道[4]。可以通过延长配体主链（插入 1～10 个苯环）来合理构建具有中孔的 MOF-74 的扩展版本[4-5]。与其他介孔材料类似，MOF-74 的扩展版本可以显示多步气体吸附等温线。有趣的是，小角 X 射线散射证明了与多步等温线相关的超晶格结构的形成，这归因于气体分子的特殊位置[6]。实际上，X 射线单晶和粉末衍射分析表明，在配体主链 MOF-74 中再添加一个苯环足以诱导框架柔韧性，并向 N,N-二甲基甲酰胺（DMF），乙二胺和 CO_2 有明显的收缩 / 膨胀，其中配体主链弯曲不同[5, 7]。

在迄今为止报道的众多 MOF 中，拉瓦希骨架（materials of institute lavoisier framework，*MIL*）系列具有耐酸和耐碱性，高热（>300℃）和水性稳定性，主要研究了它们的潜在应用[8-9]。MILs 的化学稳定性随着中心金属离子惰性的增加而增加，并且热稳定性可以通过金属—氧键的强度来解释[10]。由于 Cr(Ⅲ) 是众所周知的惰性离子，可以形成强 Cr—O 键，因此 Cr(Ⅲ)MILs 的显著热稳定性和水性稳定性已在先前的报道中得到证明[11-12]。其中，两种典型的固体是 MIL-101(Cr) 和 MIL-53(Cr)。具有极高比表面积的 MIL-101(Cr){$Cr_3O(F/OH)(H_2O)_2[C_6H_4(CO_2)_2]$} 已被用作典型的刚性 MOF，用于去除水性污染物吸附的研究[13-14]。

1.3.2 灵活或动态结构 MOF

柔性金属有机框架结构（flexible metal–organic frameworks，flexible MOF）是一种在外界刺激条件下发生可逆相变的 MOF，由于其具有晶态结构所少有的结构柔性而被广泛研究。其柔性一般源于柔性次级结构单元中配位键的解离。车辐式单元作为最常见的柔性次级结构单元，在 Zn(BDC)(dabco)、MIL-88 等结构中被报道。然而，由于车辐式单元中的配位键较弱，易扭曲、断裂，导致 MOF 材料发生不可逆相变，限制了此类柔性材料的应用。我们通过向含有车辐式单元的 MOF 结构中，引入含有强配位键的三氮唑双核次级结构单元，构建了含有多种次级结构单元的柔性 MOF 材料[15]。这类材料既保持了车辐式单元中配位键的解离所带来的结构柔性，同时引入三氮唑双核单元，提升了结构的稳定性。此外，我们通过配体替换[16]、客体分子交换、金属掺杂[17]等后修饰策略，合成了一系列柔性 MOF 材料。使用这种策略，为我们合成柔性 MOF 材料及调节框架柔性提供了思路和方法，也为我们之后进一步研究这类具有多种次级结构单元的柔性 MOF 材料性质打下基础。

随着 MOF 研究的不断深入，学者们制备出了一种具有高度有序结构并且结构可变的多孔材料，它的结构受外界因素的影响可呈现出多种稳定的结构状态，并且这些结构状态间的转化可多次重复实现，学者们将其定义为第三代功能 MOF 材料——柔性 MOF[18]。如图 1 所示。

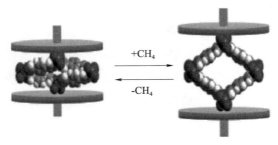

图 1　柔性金属有机框架

柔性 MOF 的多种结构形态中至少存在一种形态能够吸附容纳客体分子，因此，其结构吸附客体分子具有可控性，这种特性对提高吸附储存甲烷中的可用容量具有重要意义。Gao 等[19]通过 X 射线衍射（XRD）分析和模拟计算，研究了刚性与柔性 MOF 气体吸附中的差异，发现柔性 MOF 结构由小孔转变为大孔，晶胞体积有所增加，结合能大大降低，增强了气体的吸附能力。Parent 等[20]利用透射电子显微镜和分子模拟技术研究了柔性 MOF 的呼吸效应，指出了呼吸效应和孔径尺寸、形状及主客体相互作用之间的关系，为优选出具有良好呼吸效应的柔性 MOF 提供了理论指导。Neimark 等[21]提出柔性 MOF 孔隙中的气体吸附引起弹性变形和结构转变，与材料的逐步膨胀和收缩有关，称为大孔隙和窄孔隙相之间的呼吸转变。在此基础上，他们提出了一个简单但有指导意义的模型来解释这种现象的物理机制，将吸附诱导的压力，作为触发呼吸转换的刺激。以 220 K 的 MIL-53(Al) 中 Xe 吸附为例，验证了这个模型，显示了框架在两相之间呈现了连续的滞回呼吸跃迁，该模型还揭示了在接近呼吸压力时两相混合物的存在，这是因为并不是所有的结晶都会在相同的蒸气压下发生相变，导致两相在一定的压力范围内共存。Lin 等[22] 对比了甲烷与二氧化碳在柔性 MIL-53 中的吸附，与二氧化碳类似，甲烷同样表现出了在吸附过程中诱发框架变形的特性。Mason 等[23] 研究了柔性 Co(bdp) 和 Fe(bdp) 对甲烷的吸附，甲烷分子在吸附过程中会诱导框架结构转变，低压力下框架处于小孔相，对甲烷吸收较少，导致对甲烷的工作容量较高，同时吸附剂的堆积密度及金属中心原子会影响框架转变需要的能量。除了客体分子吸附、热和机械激励外，电场同样能够诱导柔性材料发生呼吸效应。目前虽然学者们对柔性 MOF 进行了大量研究，但对不同材料呼吸效应产生的机理阐述存在差别，对柔性 MOF 用于甲烷吸附储存中的研究仍旧较少，对柔性 MOF 呼吸效应本质特征的研究及甲烷储存中的应用有待深入和完善。

1.3.3 路易斯酸结构 MOF

路易斯酸作为一种多功能催化剂被广泛应用于各种有机转化过程中，尤其是固相路易斯酸催化剂，如金属氧化物、分子筛、离子交换树脂等。由于其易于回收重复利用和较为稳定的催化剂活性，路易斯酸在大规模工业生产中起到了重要的作用。然而，上述固体酸催化剂与均相路易斯酸相比，酸性较弱，催化剂活性受到了很大的限制，且其结构上的复杂性也为后续的研究改进工作带来了困难。近年来，MOF 由于其结构中存在高度有序的金属-金属氧簇节点，被广泛用于基于金属路易斯酸性的单一位点固相催化剂的研究中。

由于存在大量不饱和金属中心（UMCs），MOF 可以固有地充当路易斯酸催化物[24]。Fujita 等[25] 于 1994 年报道了使用 MOF 作为路易斯酸催化剂的第一个例子。他们合成了 Cd-MOF，并研究了其与邻二溴苯的包合物能力以及苯甲醛与氰基三甲基硅烷的氰基硅烷化反应。此后，MOF 已被广泛尝试用于各种反应，如氰基硅烷化[26-28]、开环反应[29]、Mukaiyama-aldol 反应[27]、Knoevenagel 缩合[30-31]、氧化还原反应（ORR）[32-34]、CO_2 固定[35] 等。UMCs 是 MOF 中路易斯酸催化反应的主要活性位点，它起源于金属位点末端配位的溶剂分子的去除或由于缺少接头或簇而导致的配位缺陷[36]。此外，通过将部分与路易斯酸结合或附着的后合成方法也有助于将路易斯酸位点引入 MOF[37]。

1.3.4 表面功能化 MOF

利用 MOF 的多孔性、大比表面积和结构丰富等优点所开展的代表性工作如下[38-40]。①金属离子的吸附与去除：以 $Cu_3(BTC)_2(H_2O)_3$ 为研究对象，采用后合成修饰的策略制备了双硫腙以及磺酸功能化的 MOF 复合材料,研究了修饰基团对 MOF 材料结构的影响以及材料对金属离子的吸附行为。②电化学传感:制备了 PANI 包裹以及 AuNPs 掺杂的 MOF,该材料克服了 MOF 导电性差的缺点,并将其作为电极材料用于金属离子和有机小分子的高灵敏度检测。③酶的固定与传感研究:通过氯化血红素(hemin)分子与 Cu-MOF-74 不饱和金属位点(CUS)之间的键合作用,实现了 Cu-MOF-74 对氯化血红素的固定,该固定化酶载体对 2,4,6-三氯苯酚的电化学检测展现出良好的选择性和重复使用次数。④药物缓释:制备了肿瘤细胞膜包裹金属离子掺杂的 MOF 纳米颗粒并装载药物进行肝癌治疗。药物分子及其与金属离子的相互作用可以损伤癌细胞的蛋白质和核酸,达到诱导细胞死亡的效果。结合细胞膜的免疫逃避和肿瘤靶向能力,可显著抑制肿瘤组织的生长。

MOF 在生物医学应用中的关键挑战不仅在于精确控制粒径和孔隙率,还在于表面亲和力对其体内代谢行为的影响。重要的是,多样化的表面功能化策略提供了改善生理/胶体稳定性的操作方法,引入特殊实体用于受控货物释放和特定目标识别,增强催化反应性,并延长循环时间[41]。总的来说,用于表面功能化的侧基实体可以通过共价键或强配位与有机配体的基团(如—NH₂、—COOH、—N₃)和 MOF 表面的金属节点共轭[42]。侧基聚合物,如聚乙二醇(PEG)和脂质体,常用于提高 MOF 的生理/胶体稳定性和降低免疫反应[43]。生物大分子,如核酸、蛋白质和肽,通过配位键与 MOF 表面结合,赋予 MOF 目标识别、生物成像、分析检测和药物递送等功能[44]。重要的是,超分子大环通过超分子相互作用固定在 MOF 表面,以调节药物释放并减少药物递送过程中的副作用。

1.3.5 团队组织名称

这种命名方法被后续大多数人采用,大部分情况是取实验室或大学英文名称的首字母的简称加上一个数字,数字 n 代表制备的序号(表 1)。当然有的并不是完全按制备顺序来的,数字 n 的选择有时候看创始人的心情。如 MOF-1、MOF-2 出现之后,直接到 MOF-5,这是对沸石经典结构 ZSM-5 的致敬。

表 1 常见 MOF 类型

MOF 名称	分子式	发明课题组	首次发表杂志名称及年份
MOF-5	$Zn_4O(BDC)_3 \cdot (DMF)_8(C_6H_5Cl)$	LI H	Nature,1999[45]
MOF-69C	$Zn_3(OH)_2(1,4\text{-}BDC)_2 \cdot (DEF)_2$	LI H	Journal of the American Chemical Society,2005[46]

MOF 名称	分子式	发明课题组	首次发表杂志名称及年份
MOF-74	$Zn_2(DHBDC)(DMF)_2 \cdot (H_2O)_2$	ROSI N L	Journal of the American Chemical Society，2005[46]
HKUST-1 即 MOF-199	$[Cu_3(BTC)_2(H_2O)_3]$	CHUI S S Y	Science，1999[47]
POST-1	$[Zn_3(\mu3\text{-}O)(1\text{-}H)_6] \cdot 2H_3O \cdot 12H_2O$	SEO J S	Nature，2000[48]
ZIF-8	$Zn(MeIM)_2 \cdot (DMF) \cdot (H_2O)_3$	PARK K S	Proceedings of the National Academy of Sciences，2006[49]
ZIF-67	$Co(MeIM)_2$	BANERJEE R	Science，2008[50]
MIL-100(Cr)	$Cr_3F(H_2O)_3O[C_6H_3\text{-}(CO_2)_3]_2 \cdot 28H_2O$	FéREY G	Angewandte Chemie International Edition，2004[51]
MIL-101(Cr)	$Cr_3F(H_2O)_2O[(O_2C)\text{-}C_6H_4\text{-}(CO_2)]_3 \cdot 25H_2O$	FéREY G	Science，2005[52]
MIL-100(Fe)	$Fe_3O(H_2O)_2F \cdot [C_6H_3(CO_2)_3] \cdot 14.5H_2O$	HORCAJADA P	Chemical Communication，2007[53]
MIL-125	$Ti_8O_8(OH)_4\text{-}(O_2C\text{-}C_6H_4\text{-}CO_2)_6$	DAN-HARDI M	Journal of the American Chemical Society，2009[54]
UiO-66	$[Zr_6O_4(OH)_4](BDC)_6$	CAVKA J H	Journal of the American Chemical Society，2008[55]
NOTT-300	$[Al_2(OH)_2(C_{16}O_8H_6)](H_2O)_6$	YANG S	Nature Chemistry，2012[56]
NU-110 即 PCN-610	$[Cu_3(L^{6\text{-}}_{(110)})(H_2O)_3]_n$	FARHA O K	Journal of the American Chemical Society，2012[57]

1.4 MOF 分类

1.4.1 ZIF 系列

沸石咪唑酯框架结构（ZIFs）材料是 MOF 化合物一个亚家族，通过自组装方法结合了 M-Im-M（其中 M 代表锌和钴，Im 代表咪唑酯连接体）[58]。在 ZIFs 中，由氧桥连的四面体硅或铝原子被过渡金属（如 Zn 或 Co）和 Im 取代作为连接体[59]。它们具有优于沸石的优点，因为预期混合框架结构在表面改性中具有更大的灵活性。框架适应性结构使金属原子和有机部分可以变化以增强结构性质和扩展应用[60-61]。ZIFs 是由四面体结构单元组成的小窗口连接均匀微孔和大空隙的多孔配位聚合物，其中每个二价金属阳离子 M^{2+}（M=Co 和 Zn）与 4 个咪唑衍生配体结合生成具有沸石拓扑结构的中性开放框架结构 [M^{2+}(Im)$_2$]$^{[62]}$。如图 2 所示，ZIF-8 具有 SOD 结构，通过热重分析（TGA）或材料的 XRD 证实，ZIF-8 具有四元环和六元环 Zn-N$_4$ 团簇，内部空腔直径为 1.16 nm 和 0.34 nm 的窗口连接它们 $^{[63]}$。五元咪唑环作为 Zn(II)、Co(II) 或 In(III) 中心之间的桥联单元，通过配位环的 1,3-位置上的氮原子使整个框架具有 145° 的角度 $^{[64-65]}$。

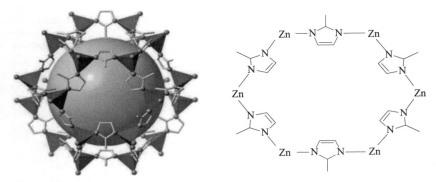

图 2　ZIF-8 晶体结构（左）与 ZIF-8 结构框架（右）

常见的 ZIF 材料有 ZIF-67、ZIF-7、ZIF-8、ZIF-11、ZIF-5、ZIF-12 等。很多 ZIFs 材料结构其实通过简单地调整交联-交联的相互作用就可以得到，这给该材料的结构多样性创造了可能。ZIFs 材料具有结构和化学性质稳定 $^{[66]}$、空间结构丰富等特性，ZIFs 是许多工业应用的有前途的材料，如气体吸附和气体储存 $^{[67-68]}$、溶剂分离 $^{[69]}$、化学传感 $^{[70]}$、催化 $^{[71]}$、生物医学成像 $^{[72]}$ 和药物输送 $^{[73]}$。

ZIFs 的一般合成策略和结构多样性。所有 ZIFs 均使用溶剂热方法合成。通过在酰胺溶剂，如 DMF 中结合所需的水合金属盐（通常是硝酸盐）和咪唑型连接剂，获得了高度结晶的材料。所得溶液加热（85～150℃），48～96 h 后 ZIFs 析出，易于分离。从 ZIF 沉淀物中挑选出适合 X 射线结构分析的单晶，其结构如图 3 所示 $^{[65]}$。对于每个结构，金属中心仅由 Im 的氮原子配位，从而得到整体的中性框架。五元 Im 环作为 Zn(II)、Co(II) 或 In(III) 中心之间的桥联单元，通过配位环的 1,3-位置上的氮原子，在整个框架中赋予角度 1≈145°。

1.4.2　MIL 系列

MIL 系列是 MOF 材料的一类，是水稳定性能较好的 MOF 材料 $^{[74]}$，可用于吸附或光催化工艺中去除水中的有机污染物，并且可以重复使用，是具有潜力的新型水处理材料。

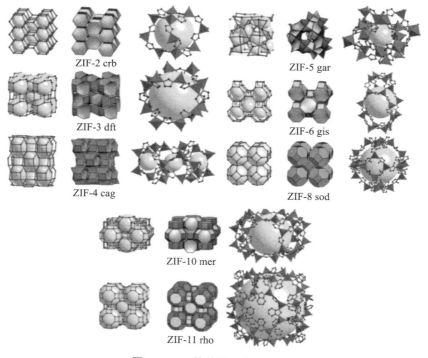

ZIF-2 crb

ZIF-5 gar

ZIF-3 dft

ZIF-6 gis

ZIF-4 cag

ZIF-8 sod

ZIF-10 mer

ZIF-11 rho

图 3　ZIFs 的单晶 X 射线结构

目前，已报道的 MIL 系列金属框架材料的中心活性金属有铁 Fe、铬 Cr、钪 Sc、钒 V、钛 Ti 和铝 Al，该类材料一般由含有以上金属的盐和芳香羧酸在一定条件下合成 [75-76]。合成 MIL 系列 MOF 材料常用的方法有溶剂热法、微波法、凝胶法等。溶剂热法是合成 MIL 系列 MOF 材料最早采用的方法，存在合成周期长、产率低和反应条件苛刻等缺点。早在 2002 年，Millange 等 [77] 首次采用溶剂热法合成了浅紫色的 MIL-53(Cr)，合成反应是在强酸（pH<1）和 220℃的聚四氟乙烯衬里高压反应釜中进行的，反应时间耗时 3 d。2007 年，该课题组同样以溶剂热法在 150℃聚四氟乙烯衬里高压反应釜中，在硝酸和氢氟酸同时存在情况下耗时 6 d 合成了 MIL-100(Fe)[78]。微波法和凝胶法是随后发展起来的合成方法。微波法以微波的形式对反应体系输入能量，在一定程度上提高了合成效率。例如，Le 等 [79] 以微波辅助的形式合成了高结晶度和高产率的 MIL-100(Fe)，实现了金属有机框架材料的连续合成，反应约 50 min 即可完成。凝胶法则以溶液-溶胶-固化-凝胶的步骤进行合成，Luo 等 [80] 以凝胶法合成了 85% 高产率的 MIL-100(Fe)，同时该方法将原料最大化利用，并提高了材料的孔体积。MIL 系列金属有机框架材料合成方法向着更绿色、周期更短、产率更高的方向发展。研究人员通过对合成方法及条件进行优化，深入探索了 MIL 系列 MOF 架材料的合成工艺，最终实现了在温和条件下 MOF 材料的高效合成，同时缩短了合成周期、降低了有机溶剂的用量。

MIL系列金属框架材料去除废水中有机物的主要作用方式：通过物理作用或化学作用吸附有机物；通过框架材料中的活性金属实现有机污染物的光催化降解。上述两种方式均可以较好地除去水中的有机污染物。通过研究MIL-100(Fe)对中性红的吸附，发现MIL-100(Fe)主要以静电引力和共轭效应的物理化学作用实现对中性红的吸附，进而达到高效去除中性红的目的，中性红在MIL-100(Fe)上的吸附量可达333 mg/g。Tan等[81]同样采用MIL-100(Fe)研究了农药二氯苯氧乙酸的脱除，认为二氯苯氧乙酸在静电引力的作用下吸附在MIL-100(Fe)材料表面形成单分子层吸附，吸附量858 mg/g。此外，有研究者以氨化的MIL-101(Cr)纳米颗粒[NH$_2$-MIL-101(Cr)]为吸附剂，研究了其对刚果红（CR）、甲基橙（MO）、直接蓝80（DB80）、酸性蓝1（AB1）、罗丹明B（RhB）和甲基蓝（MB）几种染料的吸附性能[82]。研究发现NH$_2$-MIL-101(Cr)对这几种染料的吸附特性与染料的分子结构和大小有关，CR因氨基的存在，可与NH$_2$-MIL-101(Cr)中的氨基形成氢键，NH$_2$-MIL-101(Cr)对CR表现出了较高的吸附活性，吸附量可达1 206 mg/g，并推测氢键、π—π堆积和静电引力为CR选择性吸附在NH$_2$-MIL-101(Cr)表面的主要作用机理。MIL系列金属有机框架材料光催化降解有机污染物的应用也较多。Mahmoodi等[83]以不同含铁金属盐为原料、采用水热法合成了MIL-100(Fe)，并研究了其对碱性蓝41（BB41）的光催化降解性能。研究表明，以氯化铁作为金属源合成的MIL-100(Fe)具备较高的催化活性，可实现BB41的有效降解。在紫外的激发下，MIL-100(Fe)产生电子和空穴对，电子将氧分子还原成氧自由基，随后氧自由基转化成羟基自由基。另外，空穴将水分子氧化也产生了羟基自由基。两种方式产生的羟基自由基共同作用于染料，实现对有机染料的降解。Ling等[84]通过水热法将半导体SnS$_2$和金属有机框架材料NH$_2$-MIL-125(Ti)复合，综合两种材料的优势，并弥补SnS$_2$由于超快的光诱导载流子复合速率引起的低光催化效率和低循环降解稳定性的缺点，实现了水溶液中RhB的高效光催化降解。结果显示，在可见光照射下，复合材料对RhB的降解率在80 min内可达90.5%，远高于同等条件下的SnS$_2$对RhB的降解率（55.4%）。SnS$_2$/NH$_2$-MIL-125(Ti)在可见光照射下产生电子和空穴，电子将NH$_2$-MIL-125(Ti)中的四价Ti还原为三价Ti，并将氧气还原为氧自由基；空穴则将水分子氧化为羟基自由基；在空穴、氧自由基、羟基自由基的共同作用下实现了RhB的降解。

1.4.3 HKUST系列

HKUST-1是一种典型的MOF材料（图4），晶体结构类似于桨轮，其中每个Cu离子轴向结合了一个水分子，容易被移除，易于产生一个金属空缺位点。HKUST-1首次由Chui等[85]以均苯三甲酸和硝酸铜在乙二醇和水的混合溶液中，在180℃下反应

12 h 得到。此后,许多科学家 [63, 86-87] 对其进行了深入的研究。相比其他的 MOF 材料,HKUST-1 拥有合适的孔道窗口,比表面积超过 1 000 m²/g,在 280℃下煅烧仍然保持较好的框架结构。进一步考察其对气体分子的吸附性能,发现 HKUST-1 对 CO_2、H_2、烷烃、芳香烃等 [88-90] 气体拥有很好的吸附能力。目前 HKUST-1 作为吸附剂或催化剂的研究很多,但还没有系统地评述过其制备过程及应用进展。

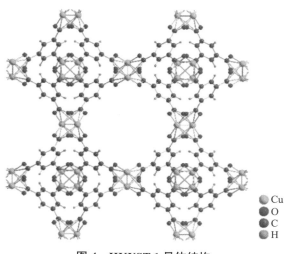

Cu
O
C
H

图 4　HKUST-1 晶体结构

采用溶剂热合成法制备 HKUST-1,原料成本较低,产物产率较高,但由于反应条件大多在高温高压下进行,容易导致副产物 Cu_2O 的产生。Cu_2O 的出现对 HKUST-1 的后续应用不利,而且传统的溶剂热法合成 HKUST-1 易于得到较大的晶体颗粒(粒径 20 μm),因此,很多研究 [91-92] 都在传统的溶剂热合成方法上进行改进。在调控 HKUST-1 结构的过程中,涉及的主要影响因子为溶剂、温度和浓度。Carolina 等 [93] 将混合后的溶液搅拌时间调整为 60 min,然后将溶液重结晶反应温度和时间分别改为 120℃与 16 h。合成后的产物有较好的比表面积(608 m²/g)和微孔孔容(0.253 cm³/g),显示了溶剂的良好扩散和材料的多孔性,材料粒径大约为 8 μm。Song 等 [94] 在水热合成过程中加入了辅助溶剂乙二胺,混合后的溶液搅拌时间进一步缩短为 15 min,反应温度和时间分别调整为 85℃和 20 h。合成后的产物微孔孔容(0.51 cm³/g)极大地提高了材料的吸附与储存性能。最近,Kim 等 [95] 采用了一套连续流动微反应器水热装置,可在 5 min 内实现 97% 的产率,产物比表面积超过 1 600 m²/g。近来在常温下实现 HKUST-1 的合成引起了很多研究人员 [96-98] 的注意,同时也取得了一系列成果。其中,Huo 等 [96] 的方法是调整铜源或者反应时间,以实现对 HKUST-1 孔道结构的调控,产率每天可达 2 000 kg/m³。

超声化学主要是利用超声来加速化学反应或触发新的反应，以提高化学反应产率或获取新的化学反应产物。相对于溶剂热法，超声波法可以在很短的反应时间内取得较高的目标产物产率，这彻底解决了传统方法合成产物时间长及消耗溶剂多等缺点。Li 等[99]在常温常压下，利用超声波法在短时间内合成了具有稳定结构的 HKUST-1，比表面积在 1 000 m^2/g 以上。Mao 等[100]基于带正电荷的氢氧化铜纳米线，在常温下合成 HKUST-1 纳米带，并进一步组装为纳米带薄膜。Gu[101]在超声环境下，应用浸渍装置合成表面光滑的 HKUST-1 薄片，结果显示，超声在样品的清洗过程中起着至关重要的作用，很好地修饰了样品形态。Israr 等[102]在合成 HKUST-1 时，分别以不同体积比的 H_2O/DMF/EtOH 作为溶剂，结果表明，当混合溶剂体积比为 2∶1∶2 时，可以达到 86% 的产率，比表面积可以达到 1 400 m^2/g，反应时间为 2 h。超声波法的优点在于反应时间短、能快速生成尺寸小且粒径分布窄的 HKUST-1 结晶[103-104]，但其成本相对较高，也易产生副产物 Cu_2O，需进一步优化合成条件。

Yazaydin 等[105]研究了 HKUST-1 对 CO_2 的吸附能力，结果表明，HKUST-1 对 CO_2 有很强的吸附选择性，在保持对 CO_2 具有很大的吸附容量情况下，对烟道气中其他的一些气体，如 SO_2、NO 等，具有排斥作用。Raganati 等[106]在声音辅助流化床的条件下，考察了 HKUST-1 对 CO_2 的吸附能力。结果显示，声音（频率和强度）对 CO_2 的吸附有促进作用，HKUST-1 对 CO_2 的吸附能力取决于 HKUST-1 的微孔孔径。

MOF 材料具有比表面积大、活性点位均匀的特性，能够有效地促进催化反应的进行。2004 年，Schlichte 等[107]报道了 HKUST-1 可以用来催化苯甲醛或丙酮的氰硅烷化。Macias 等[108]利用 HKUST-1 作为 CO_2 环加成反应的催化剂，制备表氯醇，HKUST-1 不仅具有良好的催化活性，同时对氯丙烯碳酸有较强的选择性。目前 HKUST-1 被用于催化降解探针分子 CO，考察了其结构与性能的关系。有研究发现 HKUST-1 经升温活化后，表现出较好的 CO 氧化性能，且催化活性与活化温度成正比。但当活化温度升至 280℃时，催化活性逐渐降低，这可能与 HKUST-1 框架坍塌有关。该研究同时发现，Cu^+-CO 物种是反应的活性中间产物，所以 HKUST-1 催化剂中 CuS 的数量决定了反应性能。目前，以 HKUST-1 为载体负载其他金属作为催化剂去除 CO，均取得了突破性进展。Ye 等[109]在 HKUST-1 上负载了 Pd 纳米粒子，Pd 催化剂经预处理后，低温催化 CO 活性有了较大幅度的提高，完全转化温度由载体的 240℃降低至220℃。Zhao 等[110]在 HKUST-1 上负载金属 Ag，发现 Ag 催化剂的 CO 完全转化温度从载体的 140℃降低至 122℃。对经过氧气预处理后的催化剂表征发现，样品中出现了$Ag/Cu_xO(x=1, 2)$ 纳米粒子。CuO 和 Cu_2O 有助于 CO 的吸附，同时有利于氧气活化 Ag，Ag 与 Cu_xO 的协同作用显著增强了 CO 氧化活性。同时 HKUST-1 在醇醛[111]的合成、酯化反应[112]、克内文纳格尔缩合反应[113]等方面应用广泛。

1.4.4 UiO 系列

通常情况下，具有较高水稳定性的 MOF 应具有强配位键或者显著的空间位阻，用来防止破坏金属-配体配位键水解反应的发生。如 UiO 系列 MOF，即以 Zr^{4+} 与羧酸盐配体（如对苯二甲酸）反应所得到的 MOF，具有防止水分子破坏的强配位键。UiO 系列[114]最早是由 Lillerud 课题组合成并命名的，是奥斯陆大学（University of Oslo）的缩写。UiO 系列 MOF 是以锆为金属中心，对苯二甲酸等为有机配体组合而成，最常见的为 UiO-66、UiO-67、UiO-68、UiO-69 等，它们虽然配体不同，但拥有相似的网状结构[115]。其中 UiO-66 是由八面体金属离子簇 $Zr_6O_4(OH)_4$ 和 12 个对苯二甲酸配体通过 Zr—O 键自组装形成。正八面体中心孔笼和 8 个四面体角笼为主体，构成一种类似三角形构造的三维 MOF 材料。UiO-67[114]具有相似的结构，但它使用联苯-4,4-二羧酸连接物代替对苯二甲酸。利用 HCl 或一元羧酸等作为分子调节剂，可以很容易地操纵框架以产生连接剂或团簇缺失，从而增加比表面积和孔隙体积[116]。这些 MOF 的衍生物可由具有官能团的连接剂合成，如胺[117]、卤素、羟基[118]或亚硝基等。由于结构的特殊性使 UiO 系列 MOF 结构具有优异的热稳定性和化学稳定性[119]。基于该特性，UiO 系列 MOF 被广泛应用于催化[120]、气体吸附分离[121]、液相吸附有机污染物、光电[122]等领域。

因 UiO 系列 MOF 具有较为优异的性能，关于其研究的积极性大幅度提升，科学工作者们探索了多种合成手段，主要包括溶剂热法、微波辅助合成法、机械碾磨法、电化学法、持续流法以及干胶转化法等。溶剂热法是指以有机物为溶剂，在一定温度和压力下，原始反应物混合后进行反应的一种合成方法，采用的主要装置为高压釜。其特点是合成产物的纯度相对较高、分散性较好、晶形好，并且生产成本相对低。UiO 系列 MOF 的首次合成[114]就采用的溶剂热法。将 $ZrCl_4$ 分别与对苯二甲酸、联苯-4,4-二羧酸和二羧酸三联苯混合后溶解于 DMF 溶液中，并转移至高压釜中，120℃下加热 24 h，反应结束后，将所得混合液冷却至室温，离心、洗涤并干燥后得到产物。在反应体系中加入苯甲酸或乙酸等单齿配体作为分子调节剂使其与桥连配体发生配位竞争，从而调节配位过程，得到粒径相对较大的晶体[123]。采用相同的方法，改变配体种类可合成 UiO-6-(OH)₂[124]、UiO-6-NH₂[117]、磁性 UiO-6-NH₂[125]、UiO-6-COOH[118]、$Fe_3O_4@SiO_2$ UiO-6-(MFC-O)[126]、UiO-6-N₃[127]、$Zr_6O_4(OH)_4(C_8H_3O_4-N_3)$ 等。

微波辅助合成是制备 MOF 的另一种选择，在微波合成中，反应介质内部通过介电加热产生热量，可以引发均匀、强烈的加热，促进 MOF 合成过程中的成核和晶体生长[128]，它拥有传统加热法无可比拟的优势，制备样品时间短，能够防止晶型的转变和晶粒间的团聚，所得材料细小、形状规则且分布均匀。Li 等[129] 以 ZrCl$_4$ 为原料，采用微波辅助法，反应时间仅为 120 min，制备的 UiO-66 产率约为 90%，且产物具有良好的液相吸附性能。Vo 等[130] 以 HCOOH、CH$_3$COOH、CH$_3$CH$_2$COOH 和 C$_6$H$_5$COOH 为分子调节剂，在微波辅助连续流动下，通过快速调制合成制备了 UiO-67(Zr)MOF。同时采用相同的方法也制备了 UiO-67[127]、UiO-68[131]、UiO-6-NH$_2$[132]、UiO-6-C[133]、H-UiO-6[134] 等，但目前为止该合成方法还处在实验室阶段，实现大规模工厂生产还有待进一步的研究。与传统的吸附材料相比，MOF 材料不仅具有较大的比表面积，而且克服了以铝硅酸盐和铝磷酸盐为主的无机多孔材料孔径分布宽、孔容小以及材料性质不稳定等缺点[135]。而相比于其他的 MOF 来说，UiO 系列 MOF 拥有较高的水稳定性和热稳定性，UiO 系列 MOF 已经作为新型吸附剂被国内外学者广泛研究，如表 2 所示。大量研究显示添加侧链基团可使材料功能化以提高其吸附性能，UiO-66 对于汞离子的吸附主要是依赖于孔隙分布的物理吸附，与 UiO-66 相比，氨基功能化 UiO-6-NH$_2$ 会增加其吸附位点，对汞的吸附在 313 K 下达到最大吸附容量（223.8 mg/g），该过程主要为化学吸附[117]。而使 MOF 功能化的方法除了改变配体直接合成外，还可以通过后合成改性的方法，Saleem 等[136] 在材料的孔隙中赋予 UiO-66 框架以悬垂的含硫基团使其功能化，与 UiO-66 和 UiO-6-NH$_2$ 相比，孔隙率虽有所降低，但是该材料对重金属离子 Cd^{2+}、Cr^{3+}、Hg^{2+} 和 Pb^{2+} 表现出优异的吸附能力，且明显优于母体 UiO-66 和 UiO-6-NH$_2$，可能是由于硫对重金属离子的高亲和力。为了进一步增强 UiO 系列 MOF 对金属离子的吸附容量，Huang 等[137] 制备了巯基功能化磁性 Z-MOF(MFC-S)，在 pH=3 的水溶液中对 Hg^{2+} 具有较高的选择性亲和力和较高的吸附容量（282 mg/g），且 MFC-S 还具有良好的稳定性和可循环性。Morcos 等[138] 首次报道了氨基硫脲修饰 MOF，将 UiO-66 和 UiO-67 与氨基硫脲分别接枝，并将其用于对 Pb^{2+} 的吸附，发现其吸附能力可达 246 mg/g 和 367 mg/g。对 MOF 材料进行复合也是提升其吸附能力的一种有效手段，如 UiO-6-NH$_2$-PAM-PET[139] 复合材料合成简便、对 Pb^{2+} 具有更高的吸附能力，且在实际水处理中具有较好的应用前景。

表 2 UiO 系列 MOF 对重金属离子的吸附性能

吸附剂	吸附质	吸附量（mg/g）	参考文献
UiO-67	Cu^{2+}	28.32	[140]
EDTMPA-Zr	Cu^{2+}	110.4	[140]
UiO-66-NH$_2$	Hg^{2+}	223.8	[117]
UiO-66-NHC(S)NHMe	Hg^{2+}	769	[136]
MFC-S	Hg^{2+}	282	[137]

续表

吸附剂	吸附质	吸附量（mg/g）	参考文献
UiO-67-TA	Pb^{2+}	367	[138]
UiO-66-NH$_2$-PAM-PET	Pb^{2+}	711.99	[139]
UiO-66-TA	Au^{3+}	372	[141]
UiO-66-EDA	Cu^{2+}	208.33	[142]
UiO-66-PEI	Cu^{2+}	24.87	[143]
UiO-66@Corn+	Cr^{4+}	90.04	[144]
Ac-UiO-66	Cr^{4+}	151.52	[145]
UiO-66-AMP	Cr^{4+}	196.6	[146]
UiO-66-NH$_2$	U^{4+}	384.6	[147]

1.4.5　bio-MOF-1 系列

bio-MOF-1(Zn)Zn 这种多孔阴离子 MOF 由 An 等构建，其中腺嘌呤被用作构建块。他们还证明这种 MOF 可以将普鲁卡因酰胺药物封装到其孔道中，负载百分比为 18%。该框架在 PBS 中完全释放药物需要 3 d 左右[148]。对于生物医学应用，重要的是不仅要考虑材料的功能，还要考虑材料的生物相容性。因此，由于有毒金属离子和其他有害成分的潜在浸出，一些 MOF 可能存在问题。因此，选择构建 bio-MOF，即在其结构中结合简单生物分子和生物相容性金属阳离子的 MOF[149]。

对于本研究，选择腺嘌呤（一种嘌呤核碱基）作为生物分子配体。腺嘌呤是构建 bio-MOF 的理想配体，因为它是刚性的、有多种可能的金属结合模式且分子配位化学非常发达[150]。腺嘌呤和锌盐之间的初始反应主要导致形成具有小的、难以接近的孔的凝聚材料。这些结果促使我们在合成中加入辅助连接分子，以促进形成更大的可及孔。具体而言，我们发现将联苯二羧酸引入腺嘌呤和二水合乙酸锌在 DMF 中的反应中产生了一种单晶材料，其配方为 $Zn_8(ad)_4(BPDC)_6O \cdot 2Me_2NH_2 \cdot 8DMF \cdot 11H_2O$，此前称为 bio-MOF-1（ad= 腺嘌呤盐；BPDC= 联苯二羧酸酯）。单晶 X 射线表明，bio-MOF-1 由无限大的锌-腺嘌呤柱状 SBU 组成，SBU 由顶点共享的锌-腺嘌呤八面体笼组成（图 5）。每个笼子由 4 个腺嘌呤组成，每个腺嘌呤占据八面体和 8 个 Zn^{2+} 四面体的交替面，每个笼子赤道面的角落有 4 个，每个顶端位置有 2 个。

由顶点组成的 Zn^{2+} 构成了连接相邻八面体笼的 Zn_4O 簇的一半。每个 Zn_4O 簇内的一对 Zn^{2+} 通过 N3 和 N9 位置被两个腺嘌呤连接。每个腺嘌呤的 N1 和 N7 与赤道平面的 Zn^{2+} 配位。锌-腺嘌呤根柱通过多个 BPDC 连接器相互连接。每个连接子中的一个羧酸根以单齿配位的方式与 Zn_4O 簇中的 Zn^{2+} 配位，而另一个羧酸根则以单齿配位的方式与相邻柱上的一个赤道 Zn^{2+} 配位。

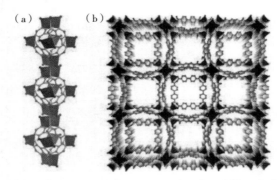

（a）　（b）

Zn^{2+}—深蓝色
C—深灰色
N—浅蓝色
O—红色；为清晰起见H省略

图 5　生物 MOF-1 的晶体结构由锌 - 腺嘌呤柱组成（a），通过联苯二甲酸酯连接器
将其连接成三维框架，形成沿 c 方向具有一维孔道的材料（b）

作为 MOF 的一个亚类，bio-MOF 也表现出与 MOF 相似的性质。此外，生物 MOF 不仅在气体存储与分离、传感器、催化等方面具有实际应用，而且在生物医学、生物传感、生物成像、抗菌应用、仿生催化、手性分离、环境保护等方面也具有广阔的应用前景。然而，尽管 bio-MOF 由生物分子组分构成，但这并不意味着 bio-MOF 纳米颗粒是无毒的，因为纳米颗粒的毒性取决于其大小、形状和比表面积[151]。对于生物医学应用，与其大块类似物相比，将材料缩小到纳米级是开发新应用的合适策略[152]。由于高药物负载能力和优异的生物相容性，bio-MOF 在生物医学应用中是有前途的候选物，特别是对于药物递送宿主[152-153]。An 等[154]首次报道了 bio-MOF 的药物控制释放。Horcajada 等[155]制备了一系列特异性无毒多孔铁（Ⅲ）基 bio-MOF，用于抗肿瘤和逆转录病毒药物的有效控制递送。这些 bio-MOF 表现出高载药量和具有不同特征和功能的包封药物。

1.5　性质

MOF 材料是由包含金属的构筑单元与有机配体通过自组装形成的晶态、有序的框架材料，具有特殊的无机-有机杂化结构，是研究结构-性质相关性的代表性纳米材料，在化学、材料、物理等领域也引起了广泛的关注。研究者可以通过合理地设计金属构筑单位和有机配体的结合来合成目标 MOF，作为一种新型的多孔材料，与传统的多孔材料（如介孔二氧化硅）相比，MOF 具有多样性且结构复杂、原子结构均匀、孔径均匀和可调孔隙、高比表面积、高机械稳定性和热稳定性等优点，这些优点使其在药物递送、吸附及催化等应用领域都取得了一定的研究成果，这些显著的特点促使人们不断研究开发许多新型的 MOF 材料。

1.5.1 多样性

MOF 最吸引人的特点之一是它的多样性，主要体现在组成、形态和特性方面，这是由于 MOF 中可供选择的金属离子或多核金属簇几乎包含了所有元素周期表内的常见金属，目前报道的 MOF 大多是由二价或三价 3p 金属离子、3d 过渡金属和镧系元素制备的，框架中常用的有机配体有富马酸、草酸、对苯二甲酸、苯二甲酸、己二酸等。除了有机配体外，一些离子液体也被用于制备 MOF 材料。制备复合材料常用的离子液体有 n-烷基甲基咪唑、n-烷基吡啶、四烷基铵、四烷基磷等。纳米结构的 MOF 在组成、形态和特性方面具有高度多样性，并显示出极大的分散性和生物相容性。因此，在 MOF 工程中，可以通过改变金属配体比、种类、合成方法、反应条件等方法实现 MOF 材料类别改变，合成的 MOF 材料多种多样，发展至今，通过多种金属中心和有机配体的选择，已有 20 000 余种 MOF 材料被合成问世，在许多领域有着极为广阔的应用前景。

由于大多数金属中心与众多有机配体的反应是可行的，多选择的金属离子或金属簇和多类型的有机配体赋予了 MOF 材料多样性。形成了不同种类的 MOF，例如，过渡金属离子（Zn^{2+}、Co^{2+}）与咪唑配体络合后形成的一种沸石类新型 MOF 材料。巴斯夫在 2005 年的一项专利中首次提出利用电化学沉积法合成 MOF，研究人员使用厚度为 5 mm 的铜板作为阳极和阴极，在含有 1,3,5-均苯三甲酸的甲醇溶液中，于 12～19 V 电压下通电 150 min，成功制备了 Cu-MOF。MOF 的纳米结构和其复合材料出色的多样性为这些配位聚合物赢得了广泛应用的无限可能性。

1.5.2 结构复杂

MOF 材料具有明确的构筑单元组成和周期性网络结构。不同的核外电子数量、不同的离子半径，可以形成不同的配位结构，且凡是含有孤电子对的官能团都可以参与形成 MOF 材料，通过调节金属节点与有机配体之间的连接方式，以改变拓扑、形成不同的框架结构。这些结构分为 4 类：由空心胶囊组成的零维结构，如纳米棒的一维结构，分为薄膜、膜或图案的二维结构，以及由连续和放大系统组成的三维结构（图 6）。然而，调控 MOF 的形状和大小还有待进一步研究。已经观察到的常见形貌包括纳米棒、球形、六边形、矩形棱镜纳米立方和纳米片。与微尺度 MOF 相比，MOF 具有优越的物理性能。令人感兴趣的是，微波辅助、声化学和微乳液合成方法已被用于选择性调节纳米级的 MOF 材料形状和大小。一般来说，纳米材料具有更大的表面积，因此，MOF 材料在吸附应用上表现出巨大的潜能。

零维和一维结构的合成主要依赖于 MOF 晶体生长和成核的时间和空间控制。因此，通过调整通常用于获得粒径较大的 MOF 的方法（如溶剂热合成），可以调控 MOF 材料的结构。这需要调整一个或多个反应条件，包括反应溶剂，MOF 前驱体，其他无机调节剂，温度和时间，以改变晶体生长。例如，反应介质及 MOF 前驱体溶液浓度，反应温度和时间是影响 MOF 纳米载体合成的重要因素，决定了合成 MOF 结晶类型。低浓度前驱体溶液和低温条件下可形成微孔的 MIL-88B-NH$_2$，而当温度低于 100℃ 或反应时间大于 20 min 时，MIL-88B-NH$_2$ 则转化为晶体结构较差的 MIL-101-NH$_2$；反之，浓度增加和温度升高时则形成 MIL-53-NH$_2$。

二维分层 MOF（MOF 纳米片）可能成为 MOF 材料的新构型。虽然它们的发展还处于早期阶段，但自顶向下（或解构）方法已被提出作为一种有前途的合成策略。这种方法依赖于使用超声波照射或其他方法从粒径大的 MOF 晶体中剥离或剥落 MOF 纳米片。此外，从原始二维 MOF 表面剥离单层 MOF 纳米片，也是显著减少层间相互作用的有效方法。纳米片在厚度均匀且结构一致的情况下可大规模脱落，可以通过常规超声辅助剥落量产。相关研究已经确定了笼状分子是二维阳离子 MOF 和超薄纳米片的理想构建块；进一步证实了减弱层间相互作用是制备单层纳米片的有效策略。

MOF 材料可以使用相同的构筑单元构建不同种类的晶体结构，以 Zr-卟啉-MOF 为例，卟啉羧基配体锆基链接配位合成了 4 种形态各异、粒径可调的 Zr-卟啉 MOF 异构体，可形成不同类型的拓扑结构，以深入了解其光活性和生物效应的潜在结构-性质关系。这些同分异构体框架的孔隙多样性可能导致拓扑相关的性质，棒状 PCN-222 和 PCN-223 以胞吞作用为主要内吞途径，其内吞效率明显高于规则型 MOF-525 和 PCN-224。不同的辅助配体导致了 MOF 在结构和性能上的多样性，Gao 等研究了 3 种不同辅助配体形成的不同拓扑结构的新型钴基 MOF 材料，即水热法合成的 {[Co(HL)(tib)(H$_2$O)]·2H$_2$O}$_n$(1)，[Co$_3$(L)$_2$(bibp)$_4$(H$_2$O)$_2$]$_n$(2)，[Co$_2$(L)(bip)(μ3-OH)]$_n$(3)，同时研究了 3 种材料对不同染料的吸附性能。如图 6 所示，MOF（1）表现出经典的二维结构，而 MOF（2）和 MOF（3）表现出复杂的三维网络结构，且 MOF（3）在实际应用中被证明具有良好的吸附效果，因此，可以通过不同的辅助配体制备出多种结构及性能的 MOF 材料。

1.5.3　高比表面积

MOF 的高比表面积性质使它们成为很有前途的吸附材料及负载材料。因此，在过去的 15 年里，研究人员对这一领域进行了广泛的研究。粒径较大的 MOF 具有不同的孔隙大小和极高的比表面积（高达 7 000 m^2/g），因此，可以吸附较多的物质（如气体）和负载许多不同大小的功能分子（如二茂铁 81 和肌红蛋白）。MOF 晶体还可以组装，从而得到的 MOF 上层结构可以显示出超高的比表面积，此类 MOF 可以提高材料的吸附负载能力，并且提高材料的稳定性。

  MOF 材料的比表面积可以通过材料的优化来提高，例如，在 2007 年，MOF-5 材料由于氧化锌 SBU 和有机连接剂边缘的活性吸附位点，显示出 3 800 m^2/g 的比表面积。而在 2010 年，通过优化并重新命名，MOF-200 和 MOF-210 的比表面积翻了一倍，得到的比表面积分别为 4 530 m^2/g 和 6 240 m^2/g。此外，有报道称基于炔而非苯炔的扩展三烷基连接剂可以增加吸附位点的数量，并增加比表面积。2012 年 NU-110MOF 的高比表面积为 7 140 m^2/g，而 UiO-66(Zr)、MIL-100(Cr)、MIL-101(Cr) 和 HKUST-1 在 2013—2019 年的 BET 比表面积分别为 1 473 m^2/g、1 842 m^2/g、3 250 m^2/g 和 2 642 m^2/g。

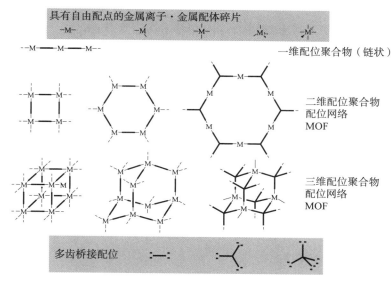

图 6　从分子构建块构建典型配位聚合物 /MOF 的示意图介绍

1.5.4　高稳定性

  在设计 MOF 时，最重要的特性是稳定性，MOF 材料的稳定性使其能进行充分的表征，并应用于吸附、催化和传感等各个领域。在 MOF 中的稳定性包括 20 种 MOF 的化学、热和机械稳定性。为了提高 MOF 的化学稳定性，采用了价态较高的金属团簇，如 Cr^{3+}、Fe_3^+ 和 Zr^{4+}，以及软配体，包括三唑酸盐、咪唑酸盐和四唑酸盐。此外，含有氮原子的杂环分子可与软二价金属团簇如 Zn^{2+} 或 Co^{2+} 一起用于制备 MOF，以提高稳定性。

  当金属配体键断裂和有机连接剂燃烧时，MOF 的热稳定性下降，然而通过氧-阴离子配体与高价金属离子的配位，这种问题可以得到改善。MOF 的水热稳定性是指材料在高温高湿或水溶环境下其性能和结构能否稳定保持，以及会如何变化的性质。研究表明，在 MOF 框架中引入疏水官能团可以改善其在水环境下的稳定性。总的来说，有机主链芳香族聚合物具有非常好的化学稳定性和中等至良好的热稳定性。例如，超交联聚合物（HCPs）、固有微孔聚合物和共轭微孔聚合物在多种化学环境下都倾向于稳定，例如，在酸性和碱性环境，这些材料也表现出相当好的热稳定性。

MOF 材料的机械稳定性与其孔隙率的高低直接相关，二者呈反比关系。为了在废水处理中应用，许多水稳定的 MOF 聚合物，如铬基 MIL-101 系列、ZIFs、锆基羧酸盐、铝基羧酸盐和吡唑基 MOF 等均已被报道。这些材料通过增加 SBU 与有机配体的配位键强度提高了机械稳定性。

MOF 的化学稳定性和热稳定性也是可变的。微孔材料所表现出的极高的物理表面积是许多应用的关键，但就化学稳定性和热稳定性而言，这也带来了潜在的挑战。报告显示，MOF 的化学稳定性差异很大：一些材料在短暂暴露于空气中就会失去孔隙度，而另一些材料则在标准大气条件下长时间保持相当稳定。ZIFs 即使在恶劣的化学条件下也很稳定。例如，在"全表面"的材料中，表面降解反应会大大加速。一些微孔 MOF 材料具有非常好的热稳定性和化学稳定性，但合成多样化的范围相对有限。沸石 MOF 材料具有较高的热稳定性，但可能在某些化学条件下易受到降解。

此外，提高金属的氧化状态和使用坚硬的给体配体通常会提高热稳定性。路易斯酸度的增加导致了强的金属-供体配位，因此，使 MOF 不容易水解。通过改变官能团和有机配体的长度来改变其孔隙率和孔表面疏水性，可以显著提高其化学稳定性和水热稳定性。这些方法初步降低了吸水能力，减少了配体的位移和水解，从而增强了吸附能力。

1.5.5 孔隙均匀与可调孔隙

由于 MOF 材料具有周期性网络结构，与其他多孔材料相比，MOF 提供了独特的结构多样性——均匀的孔隙结构以及可调孔隙结构，根据国际纯粹与应用化学联合会（IUPAC）的分类，孔径＜2 nm 的材料为微孔；孔径在 2～50 nm 为介孔；孔径为＞50 nm 定义为大孔。MOF 可以表现为孔洞或孔道，孔径范围从微孔到介孔。孔隙工程是指导孔隙结构和功能的有力途径，它极大地促进了用于识别差异分子的 MOF 的发展。由于 MOF 材料周期性网络结构通过调整 MOF 的尺寸或通道、功能位点和表面积，可以设计 MOF 的孔隙，以获得用于特定气体分离的独特 MOF 材料。在 MOF 中绝大多数的金属-羧酸 SBU 中，每个羧酸末端的氧原子都与带正电的金属中心配合，产生非极性或低极性孔隙。此外，在大多数情况下，在配位聚合物中形成金属-磺酸 SBU 时，有机磺酸配体的每个磺酸端都有一个或多个氧处于不配位状态。因此，这种类型的非对称配位基序可能提供了有机磺酸盐基 MOF 的孔隙率，其极性明显高于羧酸盐基 MOF。

MOF 中孔隙的形状、大小和性质可以很容易地改变，在 MOF 材料的合成中，金属离子和连接剂的性质决定了 MOF 网络的物理、结构和形态特征（如孔隙率、孔隙大小和孔隙表面），可以通过调整有机配体的桥联程度来实现孔径、孔容、孔型的调控，这导致了在传统材料中罕见的化学适应性。

MOF 的孔隙既包括孔道，也包括孔洞。根据结构和孔隙形状，MOF 可分为孔道型 MOF 和笼型 MOF 两种类型。如 IRMOF-169 和 biO-MOF-10010 等 MOF 材料沿某些特定方向观察时具有一维开放的介孔结构。笼型 MOF，如 MIL-1006 和 MIL-1017，具有由微通道或介通道连接的多面体介孔。研究不同目录下的介观光纤陀螺的结构特征，对于理解介观光纤陀螺的工作原理，进而促进介观光纤陀螺性能和应用的发展具有重要意义。

MOF 的相对简单的生产方法使它们在多种应用领域中都是更好的选择。它们的化学性质、定制的孔隙结构和热稳定性使它们更适合于分离特定气体、催化和传导质子等良好的应用领域。对 MOF 的表征通常采用 XRD、比表面积分析、电镜（EM）、热重分析（TGA）预测各种组分的热稳定性，以及傅里叶变换红外（FTIR）技术表征分子和原子结构。由于 MOF 同时具有晶体材料和高多孔材料的性质，粉末 X 射线衍射（PXRD）通常用于表征吸附测量值、相纯度和晶体性质，以检查孔隙率。这种特殊的特性使 MOF 的结构特性独一无二，并提供了在不同领域使用的理想潜力。

参考文献

[1] 水利部水土保持司. 土壤侵蚀分类分级标准: SL190-2017[S]. 北京: 中国水利水电出版社, 2008.

[2] WANG G, LEUS K, COUCK S, et al. Enhanced gas sorption and breathing properties of the new sulfone functionalized COMOC-2 metal organic framework†[J]. Dalton transactions, 2016, 45 (23): 9485-9491.

[3] WIEME J, VANDUYFHUYS L, ROGGE S M J, et al. Exploring the flexibility of MIL-47(V)-Type materials using force field molecular dynamics simulations[J]. The journal of physical chemistry C, 2016, 120(27): 14934-14947.

[4] DENG H, GRUNDER S, CORDOVA K E, et al. Large-pore apertures in a series of metal-rgoanic frameworks[J]. Science, 2012, 336(6084): 1018-1023.

[5] MCDONALD T M, LEE W R, MASON J A, et al. Capture of carbon dioxide from air and flue gas in the alkylamine-appended metal–organic framework mmen-Mg_2 (dobpdc)[J]. Journal of the American chemical society, 2012, 134 (16): 7056-7065.

[6] CHO H S, DENG H, MIYASAKA K, et al. Extra adsorption and adsorbate superlattice

formation in metal–organic frameworks[J]. Nature, 2015, 527: 503-507.

[7] LEE W R, HWANG S Y, RYU D W, et al. Diamine-functionalized metal–organic framework: exceptionally high CO_2 capacities from ambient air and flue gas, ultrafast CO_2 uptake rate, and adsorption mechanism [J]. Energy & environmental science, 2013, 744-751.

[8] FEREY G, MELLOT-DRAZNIEKS C, SERRE C, et al. A chromium terephthalate-based solid with unusually large pore volumes and surface area [J]. Science, 2005, 310 (5751): 1119.

[9] HAQUE E, LEE J E, JANG I T, et al. Adsorptive removal of methyl orange from aqueous solution with metal–organic frameworks, porous chromium-benzenedicarboxylates[J]. Journal of hazardous materials, 2010, 181 (1-3): 535-542.

[10] KANG I J, KHAN N A, HAQUE E, et al. Chemical and thermal stability of isotypic metal–organic frameworks: effect of metal ions[J]. Chemistry-a European journal, 2011, 17 (23): 6278.

[11] HAIGIS V, COUDERT F-X, VUILLEUMIER R, et al. Investigation of structure and dynamics of the hydrated metal–organic framework MIL-53 (Cr) using first-principles molecular dynamics[J]. Physical chemistry chemical physics, 2013, 19049-19056.

[12] ZHAO S J, MEI J, XU H M, et al. Research of mercury removal from sintering flue gas of iron and steel by the open metal site of Mil-101 (Cr)[J]. Journal of hazardous materials, 2017, 351: 301-307.

[13] LIN Y C, KONG C L, CHEN L. Direct synthesis of amine-functionalized MIL-101(Cr) nanoparticles and application for CO_2 capture [J]. RSC Advances, 2012, 6417-6419.

[14] YANG C X, YAN X P. Metal–organic framework MIL-101(Cr) for high-performance liquid chromatographic separation of substituted aromatics[J]. Analytical chemistry, 2011, 83 (18): 7144-7150

[15] LING Y, CHEN Z X, ZHAI F P, et al. A zinc(II) metal–organic framework based on triazole and dicarboxylate ligands for selective adsorption of hexane isomers[J]. Chemical communications, 2011, 47 (25): 7197-7199.

[16] YANG F L, ZHENG Q S, CHEN Z X, et al. A three-dimensional structure built of paddle-wheel and triazolate-dinuclear metal clusters: synthesis, deformation and reformation of paddle-wheel unit in the single-crystal-to-single-crystal transformation[J]. Crystengcomm, 2013, 15: 7031-7037.

[17] ZHU J, CHEN J, QIU T, et al. Cobalt substitution in a flexible metal–organic framework: modulating a soft paddle-wheel unit for tunable gate-opening adsorption[J]. Dalton

transactions, 2019, 48 (21): 7100-7104.

[18] SAKATA Y, FURUKAWA S, KONDO M, et al. Shape-memory nanopores induced in coordination frameworks by crystal downsizing[J]. Science, 2013, 339 (6116): 155.

[19] GAO Y X, LIU K, KANG R X, et al. A comparative study of rigid and flexible MOFs for the adsorption of pharmaceuticals: Kinetics, isotherms and mechanisms[J]. Journal of hazardous materials, 2018, 359: 248-257.

[20] PARENT L R, PHAM C H, PATTERSON J P, et al. Pore breathing of metal–organic frameworks by environmental transmission electron microscopy[J]. Journal of the American chemical society, 2017, 139 (40): 13959-14330.

[21] NEIMARK A V, COUDERT F-X, BOUTIN A, et al. Stress-based model for the breathing of metal–organic frameworks[J]. The journal of physical chemistry letters, 2010, 1 (1): 445-449.

[22] LIN Y C, KONG C L, ZHANG Q J, et al. Metal–organic frameworks for carbon dioxide capture and methane storage[J]. Advanced energy materials, 2016, 7(4): 1600173.

[23] MASON J A, OKTAWIEC J, TAYLOR M K, et al. Methane storage in flexible metal–organic frameworks with intrinsic thermal management[J]. Nature, 2015, 527: 357-361.

[24] DHAKSHINAMOORTHY A, ALVARO M, GARCIA H. Commercial metal–organic frameworks as heterogeneous catalysts[J]. Chemical communications, 2012, 48 (92): 11275-11288.

[25] FUJITA M, KWON Y J, WASHIZU S, et al. Preparation, clathration ability, and catalysis of a two-dimensional square network material composed of cadmium(II) and 4, 4'-bipyridine[J]. Journal of the American chemical society, 1994, 116 (3): 1151-1152.

[26] SCHLICHTE K, KRATZKE T, KASKEL S. Improved synthesis, thermal stability and catalytic properties of the metal–organic framework compound $Cu_3(BTC)_2$[J]. Microporous and mesoporous materials, 2004, 73 (1): 81-88.

[27] HORIKE S, DINCĂ M, TAMAKI K, et al. Size-selective lewis acid catalysis in a microporous metal–organic framework with exposed Mn^{2+} coordination sites[J]. Journal of the American chemical society, 2008, 130 (18): 5854-5855.

[28] HU Z, PENG Y, TAN K M, et al. Enhanced catalytic activity of a hierarchical porous metal–organic framework CuBTC[J]. Crystengcomm, 2015, 17 (37): 7124-7129.

[29] WEE L H, WIKTOR C, TURNER S, et al. Copper benzene tricarboxylate metal–organic framework with wide permanent mesopores stabilized by keggin polyoxometallate ions[J]. Journal of the American chemical society, 2012, 134 (26): 10911-10919.

[30] HWANG Y K, HONG D Y, CHANG J S, et al. Amine grafting on coordinatively unsaturated metal centers of MOFs: consequences for catalysis and metal encapsulation[J]. Angewandte chemie international edition, 2008, 47 (22): 4144-4148.

[31] OPANASENKO M, DHAKSHINAMOORTHY A, SHAMZHY M, et al. Comparison of the catalytic activity of MOFs and zeolites in knoevenagel condensation[J]. Catalysis science & technology, 2013, 3 (2): 500-507.

[32] LYKOURINOU V, CHEN Y, WANG X S, et al. Immobilization of MP-11 into a mesoporous metal–organic framework, MP-11@mesoMOF: a new platform for enzymatic catalysis[J]. Journal of the american chemical society, 2011, 133 (27): 10382-10385.

[33] MARX S, KLEIST W, BAIKER A. Synthesis, structural properties, and catalytic behavior of Cu-BTC and mixed-linker Cu-BTC-PyDC in the oxidation of benzene derivatives[J]. Journal of catalysis, 2011, 281 (1): 76-87.

[34] FENG D, GU Z Y, LI J R, et al. Zirconium-metalloporphyrin PCN-222: mesoporous metal–organic frameworks with ultrahigh stability as biomimetic catalysts[J]. Angewandte chemmie international edition, 2012, 51(41): 10307-10310.

[35] BEYZAVI H, KLET R C, TUSSUPBAYEV S, et al. A hafnium-based metal–organic framework as an efficient and multifunctional catalyst for facile CO_2 fixation and regioselective and enantioretentive epoxide activation[J]. Journal of the American chemical society, 2014, 136 (45): 15861-15864.

[36] XUAN W M, ZHU C F, LIU Y, et al. Mesoporous metal–organic framework materials[J]. Chemical society reviews, 2012, 41 (5): 1677-1695.

[37] EVANS J D, SUMBY C J, DOONAN C J. Post-synthetic metalation of metal–organic frameworks[J]. Chemical society reviews, 2014, 43 (16): 5933-5951.

[38] WANG Y, YE G Q, CHEN H H, et al. Functionalized metal–organic framework as a new platform for efficient and selective removal of cadmium(ii) from aqueous solution†[J]. Journal of materials chemistry A, 2015, 3 (29): 15292-15298.

[39] WANG Y, CHEN H H, HU X Y, et al. Highly stable and ultrasensitive chlorogenic acid sensor based on metal–organic frameworks/titanium dioxide nanocomposites[J]. Analyst, 2016, 141 (15): 4647-4653.

[40] WANG Y, WANG L, HUANG W, et al. A metal–organic framework and conducting polymer based electrochemical sensor for high performance cadmium ion detection[J]. Journal of materials chemistry A, 2017, 5 (18): 8385-8393.

[41] WANG S, MCGUIRK C M, D'AQUINO A, et al. Metal–organic framework nanoparticles[J]. Advanced materials, 2018, 30 (37): e1800202.

[42] MORRIS W, BRILEY W E, AUYEUNG E, et al. Nucleic acid-metal organic framework (MOF) nanoparticle conjugates[J]. Journal of the American chemical society, 2014, 136 (20): 7261-7264.

[43] ABÁNADES LÁZARO I, HADDAD S, SACCA S, et al. Selective surface pegylation of UiO-66 nanoparticles for enhanced stability, cell uptake, and ph-responsive drug delivery[J]. Chem, 2017, 2 (4): 561-578.

[44] NING W Y, DI Z H, YU Y J, et al. Imparting designer biorecognition functionality to metal–organic frameworks by a DNA-mediated surface engineering strategy[J]. Small, 2018, 14 (11): 1703812.

[45] LI H, EDDAOUDI M, O'KEEFFE M, et al. Design and synthesis of an exceptionally stable and highly porous metal–organic framework[J]. Nature, 1999, 402 (6759): 276-279.

[46] ROSI N L, KIM J, EDDAOUDI M, et al. Rod packings and metal–organic frameworks constructed from rod-shaped secondary building units[J]. Journal of the American chemical society, 2005, 127 (5): 1336-1590.

[47] CHUI S S Y, LO S M F, CHARMANT J P H, et al. A chemically functionalizable nanoporous material [J]. Science, 1999, 283 (5405): 1148-1150.

[48] SEO J S, WHANG D, LEE H, et al. A homochiral metal–organic porous material for enantioselective separation and catalysis[J]. Nature, 2000, 404 (6781): 982-986.

[49] PARK K S, NI Z, CÔTÉ A P, et al. Exceptional chemical and thermal stability of zeolitic imidazolate frameworks[J]. Proceedings of the national academy of sciences of the United States of America, 2006, 103 (27): 10186-10191.

[50] BANERJEE R, PHAN A, WANG B, et al. High-throughput synthesis of zeolitic imidazolate frameworks and application to CO_2 capture[J]. Science, 2008, 319 (5865): 939-943.

[51] FéREY G, SERRE C, MELLOT-DRAZNIEKS C, et al. A hybrid solid with giant pores prepared by a combination of targeted chemistry, simulation, and powder diffraction[J]. Angewandte chemie international edition, 2004, 43 (46): 6296-6301.

[52] FéREY G, MELLOT-DRAZNIEKS C, SERRE C, et al. A chromium terephthalate-based solid with unusually large pore volumes and surface area[J]. Science, 2005, 309 (5743): 2040-2042.

[53] HORCAJADA P, SURBLÉ S, SERRE C, et al. Synthesis and catalytic properties of MIL-

100 (Fe), an iron (Ⅲ) carboxylate with large pores[J]. Chemical communications, 2007, (27): 2820-2822.

[54] DAN-HARDI M, SERRE C, FROT T, et al. A new photoactive crystalline highly porous titanium(IV) dicarboxylate[J]. Journal of the American chemical society, 2009, 131, (31): 10857-10859.

[55] CAVKA J H, JAKOBSEN S, OLSBYE U, et al. A new zirconium inorganic building brick forming metal organic frameworks with exceptional stability[J]. Journal of the American chemical society, 2008, 130 (42): 13850-13851.

[56] YANG S, SUN J, RAMIREZ-CUESTA A J, et al. Selectivity and direct visualization of carbon dioxide and sulfur dioxide in a decorated porous host[J]. Nature chemistry, 2012, 4 (11): 887-894.

[57] FARHA O K, ERYAZICI I, JEONG N C, et al. Metal–organic framework materials with ultrahigh surface areas: is the sky the limit?[J]. Journal of the American chemical society, 2012, 134 (36): 15016-15021.

[58] PHAN A, DOONAN C J, URIBE-ROMO F J, et al. Synthesis, structure, and carbon dioxide capture properties of zeolitic imidazolate frameworks[J]. Accounts of chemical research, 2010, 43 (1): 58-67.

[59] TANAKA S, KIDA K, OKITA M, et al. Size-controlled synthesis of zeolitic imidazolate framework-8 (ZIF-8) crystals in an aqueous system at room temperature[J]. Chemistry letters, 2012, 41 (10): 1337-1339.

[60] BHATTACHARJEE S, JANG M S, KWON H J, et al. Zeolitic imidazolate frameworks: synthesis, functionalization, and catalytic/adsorption applications[J]. Catalysis surveys from Asia, 2014, 18: 101-127.

[61] CHEN B L, YANG Z X, ZHU Y Q, et al. Zeolitic imidazolate framework materials: recent progress in synthesis and applications[J]. Journal of materials chemistry A, 2014, 2: 16811-16831.

[62] ZHANG Y Y, JIA Y, LI M, et al. Influence of the 2-methylimidazole/zinc nitrate hexahydrate molar ratio on the synthesis of zeolitic imidazolate framework-8 crystals at room temperature[J]. Scientific reports, 2018, 8 (1): 9597.

[63] CHO H Y, KIM J, KIM S N, et al. High yield 1-L scale synthesis of ZIF-8 via a sonochemical route[J]. Microporous and mesoporous materials, 2012, 169: 180-184.

[64] LAI L S, YEONG Y F, ANI N C, et al. Effect of synthesis parameters on the formation of

zeolitic imidazolate framework 8 (ZIF-8) nanoparticles for CO_2 adsorption[J]. Particulate science and technology, 2014, 32 (5): 520-528.

[65] PARK K S, NI Z, CôTé A P, et al. Exceptional chemical and thermal stability of zeolitic imidazolate frameworks[J]. Proceedings of the national academy of sciences of the United States of America, 2006, 103 (27): 10186 -10191.

[66] BOUËSSEL DU BOURG L, ORTIZ A U, BOUTIN A, et al. Thermal and mechanical stability of zeolitic imidazolate frameworks polymorphs[J]. APL Materials, 2014, 2 (12): 124110.

[67] MORRIS W, LEUNG B, FURUKAWA H, et al. A combined experimental-computational investigation of carbon dioxide capture in a series of isoreticular zeolitic imidazolate frameworks[J]. Journal of the American chemical society, 2010, 132 (32): 11006-11008.

[68] LI Y S, LIANG F Y, BUX H, et al. Molecular sieve membrane: supported metal–organic framework with high hydrogen selectivity[J]. Angewandte chemie international edition, 2009, 49 (3): 548-551.

[69] VAN DEN BERGH J, GÜCÜYENER C, PIDKO E A, et al. Understanding the anomalous alkane selectivity of ZIF-7 in the separation of light alkane/alkene mixtures[J]. Chemistry, 2011, 17 (32): 8832-8840.

[70] LU G, HUPP J T. Metal–organic frameworks as sensors: a ZIF-8 based fabry-pérot device as a selective sensor for chemical vapors and gases[J]. Journal of the american chemical society, 2010, 132 (23): 7832-7833.

[71] LEE J, FARHA O K, ROBERTS J, et al. Metal–organic framework materials as catalysts [J]. Chemical society reviews, 2009, 38 (5): 1450-1459.

[72] JONES C G, STAVILA V, CONROY M A, et al. Versatile synthesis and fluorescent labeling of ZIF-90 nanoparticles for biomedical applications[J]. ACS Applied materials & interfaces, 2016, 8 (12): 7623-7630.

[73] SUN C Y, QIN C, WANG X L, et al. Zeolitic imidazolate framework-8 as efficient pH-sensitive drug delivery vehicle†[J]. Dalton transactions, 2012, 41 (23): 6906-6909.

[74] YANG S Z, LI X, ZENG G M, et al. Materials Institute Lavoisier (MIL) based materials for photocatalytic applications[J]. Coordination chemistry reviews, 2021, 438: 213874.

[75] YUE K, ZHANG X D, JIANG S T, et al. Recent advances in strategies to modify MIL-125 (Ti) and its environmental applications[J]. Journal of molecular liquids, 2021, 335: 116108.

[76] ZHONG G H, LIU D X, ZHANG J Y. Applications of porous metal–organic framework MIL-100 (M) (M = Cr, Fe, Sc, Al, V)[J]. Crystal growth & design, 2018, 18 (12): 7730-7744.

[77] MILLANGE F, SERRE C, FÉREY G. Synthesis, structure determination and properties of MIL-53as and MIL-53ht: the first Cr^{III} hybrid inorganic-organic microporous solids: $Cr^{III}(OH) \cdot \{O_2C-C_6H_4-CO2\} \cdot \{HO_2C-C_6H_4-CO_2H\}_x$†[J]. Chemical communications, 2002 (8): 822-823.

[78] HORCAJADA P, SURBLÉ S, SERRE C, et al. Synthesis and catalytic properties of MIL-100 (Fe), an iron(III) carboxylate with large pores[J]. Chemical communications, 2007, 27: 2820-2822.

[79] LE V N, KWON H T, VO T K, et al. Microwave-assisted continuous flow synthesis of mesoporous metal–organic framework MIL-100 (Fe) and its application to Cu(I)-loaded adsorbent for CO/CO_2 separation[J]. Materials chemistry and physics, 2020, 253: 123278.

[80] LUO Y S, TAN B Q, LIANG X H, et al. Dry gel conversion synthesis of hierarchical porous MIL-100 (Fe) and its water vapor adsorption/desorption performance[J]. Industrial & engineering chemistry research, 2019, 58 (19): 7801-7807.

[81] TAN K L, FOO K Y. Preparation of MIL-100 via a novel water-based heatless synthesis technique for the effective remediation of phenoxyacetic acid-based pesticide[J]. Journal of environmental chemical engineering, 2020, 9 (1): 104923.

[82] TAN Y M, SUN Z Q, MENG H, et al. Efficient and selective removal of congo red by mesoporous amino-modified MIL-101 (Cr) nanoadsorbents[J]. Powder technology, 2019, 356 (2019): 162-169.

[83] MAHMOODI N M, ABDI J, OVEISI M, et al. Metal–organic framework (MIL-100 (Fe)): Synthesis, detailed photocatalytic dye degradation ability in colored textile wastewater and recycling[J]. Materials research bulletin, 2018, 100: 357-366.

[84] LING L Q, TU Y, LONG X Y, et al. The one-step synthesis of multiphase SnS_2 modified by NH_2-MIL-125 (Ti) with effective photocatalytic performance for Rhodamine B under visible light[J]. Optical materials, 2021, 111: 11056.

[85] CHUI S S Y, LO S M F, CHARMANT J P H, et al. A chemically functionalizable nanoporous material $[Cu_3 (TMA)_2 (H_2O)_3]_n$[J]. Science, 1999, 283 (5450): 1148-1150.

[86] SZANYI J, DATURI M, CLET G, et al. Well-studied Cu-BTC still serves surprises: evidence for facile Cu^{2+}/Cu^+ interchange[J]. Physical chemistry chemical physics, 2012, 14: 4383-4390.

[87] SUN X J, LI H, LI Y J, et al. A novel mechanochemical method for reconstructing the moisture-degraded HKUST-1[J]. Chemical communications, 2015, 51: 10835-10838.

[88] ZHOU H, LIU X Q, ZHANG J, et al. Enhanced room-temperature hydrogen storage

capacity in Pt-loaded graphene oxide/HKUST-1 composites[J]. International journal of hydrogen energy, 2014, 39 (5): 2160-2167.

[89] MENG G H, SONG X, JI M, et al. Molecular simulation of adsorption of NO and CO_2 mixtures by a Cu-BTC metal organic framework[J]. Current applied physics, 2015, 15 (9): 1070-1074.

[90] SUN B, KAYAL S, CHAKRABORTY A. Study of HKUST (Copper benzene-1,3, 5-tricarboxylate, Cu-BTC MOF)-1 metal organic frameworks for CH_4 adsorption: an experimental Investigation with GCMC (grand canonical Monte-carlo) simulation[J]. Energy, 2014, 76: 419-427.

[91] LIN S, SONG Z L, CHE G B, et al. Adsorption behavior of metal–organic frameworks for methylene blue from aqueous solution[J]. Microporous and mesoporous materials, 2014, 14: 1959-1968.

[92] KüSGENS P, ROSE M, SENKOVSKA I, et al. Characterization of metal–organic frameworks by water adsorption[J]. Microporous and mesoporous materials, 2008, 1320 (3): 325-330.

[93] CAROLINA C, JUAN CARLOS B, MARÍA L Z B, et al. Novel application of HKUST-1 metal–organic framework as antifungal: biological tests and physicochemical characterizations[J]. Microporous and mesoporous materials, 2012, 162: 60-63.

[94] SONG F J, ZHONG Q, ZHAO Y X. A protophilic solvent-assisted solvothermal approach to Cu-BTC for enhanced CO_2 capture[J]. Applied organometallic chemistry, 2015, 29 (9): 612-617.

[95] KIM K J, LI Y J, KREIDER P B, et al. High-rate synthesis of Cu-BTC metal–organic frameworks[J]. Chemical communications, 2013, 491: 1518-1520.

[96] HUO J, BRIGHTWELL M, EL HANKARI S, et al. A versatile, industrially relevant, aqueous room temperature synthesis of HKUST-1 with high space-time yield†[J]. Journal of materials chemistry A, 2013, 1: 15220-15223.

[97] MAJANO G, PÉREZ-RAMÍREZ J. Room temperature synthesis and size control of HKUST-1[J]. Helvetica chimica acta, 2012, 95 (11): 2278-2286.

[98] MAO Y Y, SHI L, HUANG H B, et al. Room temperature synthesis of free-standing HKUST-1 membranes from copper hydroxide nanostrands for gas separation[J]. Chemical communications, 2013, 49: 5666-5668.

[99] LI Z Q, QIU L G, XU T, et al. Ultrasonic synthesis of the microporous metal–organic framework $Cu_3 (BTC)_2$ at ambient temperature and pressure: an efficient and

environmentally friendly method[J]. Materials letters, 2009, 63 (1): 78-80.

[100] MAO Y Y, SHI L, HUANG H B, et al. Mesoporous separation membranes of $\{[Cu(BTC-H_2)_2 \cdot (H_2O)_2] \cdot 3H_2O\}$ nanobelts synthesized by ultrasonication at room temperature†[J]. Crystengcomm, 2012, 15: 265-270.

[101] GU Z G, PFRIEM A, HAMSCH S, et al. Transparent films of metal–organic frameworks for optical applications[J]. Microporous and mesoporous materials, 2015, 211: 82-87.

[102] ISRAR F, KIM D K, KIM Y, et al. Synthesis of porous Cu-BTC with ultrasonic treatment: effects of ultrasonic power and solvent condition[J]. Ultrasonics sonochemistry, 2015, 29: 186-193.

[103] LOERA-SERNA S, OLIVER-TOLENTINO M A, DE LOURDES LÓPEZ-NúñEZ M, et al. Electrochemical behavior of $[Cu_3 (BTC)_2]$ metal–organic framework: the effect of the method of synthesis[J]. Journal of alloys and compounds, 2012, 540: 113-120.

[104] NI Z, MASEL R I. Rapid production of metal–organic frameworks via microwave-assisted solvothermal synthesis[J]. Journal of the American chemical society, 2006, 128 (38): 12394-12395.

[105] YAZAYDıN A Ö, BENIN A I, FAHEEM S A, et al. Enhanced CO_2 adsorption in metal–organic frameworks via occupation of open-metal sites by coordinated water molecules[J]. Chemistry of materials, 2009, 21 (8): 1425-1430.

[106] RAGANATI F, GARGIULO V, AMMENDOLA P, et al. CO_2 capture performance of HKUST-1 in a sound assisted fluidized bed[J]. Chemical engineering journal, 2013, 239 (1): 75-86.

[107] SCHLICHTE K, KRATZKE T, KASKEL S. Improved synthesis, thermal stability and catalytic properties of the metal–organic framework compound $Cu_3 (BTC)_2$[J]. Microporous and mesoporous materials, 2004, 73 (1): 75-86.

[108] MACIAS E E, RATNASAMY P, CARREON M A. Catalytic activity of metal organic framework $Cu_3 (BTC)_2$ in the cycloaddition of CO_2 to epichlorohydrin reaction[J]. Catalysis today, 2012, 198 (1): 215-218.

[109] YE J Y, LIU C J. $Cu_3 (BTC)_2$: CO oxidation over MOF based catalysts[J]. Chemical communications, 2011, 47: 2167-2169.

[110] ZHAO Y, ZHONG C, LIU C J. Enhanced CO oxidation over thermal treated Ag/Cu-BTC[J]. Catalysis communications, 2013, 38: 74-76.

[111] PATHAN N B, RAHATGAONKAR A M, CHORGHADE M S. Metal–organic

framework Cu$_3$ (BTC)$_2$ (H$_2$O)$_3$ catalyzed aldol synthesis of pyrimidine-chalcone hybrids[J]. Catalysis communications, 2011, 12 (12): 1170-1176 .

[112] WEE L H, JANSSENS N, BAJPE S R, et al. Heteropolyacid encapsulated in Cu$_3$ (BTC)$_2$ nanocrystals: an effective esterification catalyst[J]. Catalysis today, 2011, 171 (1): 275-280.

[113] LUO Q X, SONG X D, JI M, et al. Molecular size-and shape-selective knoevenagel condensation over microporous Cu$_3$ (BTC)$_2$ immobilized amino-functionalized basic ionic liquid catalyst[J]. Applied catalysis A: general, 2014, 478: 81-90.

[114] CAVKA J H, JAKOBSEN S, OLSBYE U, et al. A new zirconium inorganic building brick forming metal organic frameworks with exceptional stability[J]. Journal of the American chemical society, 2008, 130 (42): 13812-14020.

[115] RU J, WANG X M, WANG F B, et al. UiO series of metal−organic frameworks composites as advanced sorbents for the removal of heavy metal ions: Synthesis, applications and adsorption mechanism[J]. Ecotoxicology and environmental safety, 2020, 208: 111577.

[116] SHEARER G C, CHAVAN S, BORDIGA S, et al. Defect engineering: tuning the porosity and composition of the metal−organic framework UiO-66 via modulated synthesis[J]. Chemistry of materials, 2016, 28 (11): 3525-4082.

[117] ZHAO Y F, WANG D F, WEI W, et al. Effective adsorption of mercury by Zr(IV)-based metal−organic frameworks of UiO-66-NH$_2$ from aqueous solution[J]. Environmental science and pollution research, 2020, 28: 7068-7075.

[118] JIA X Z, ZHANG B, CHEN C, et al. Immobilization of chitosan grafted carboxylic Zr-MOF to porous starch for sulfanilamide adsorption[J]. Carbohydrate polymers, 2020, 253: 117305.

[119] ZHOU F, LU N Y, FAN B B, et al. Zirconium-containing UiO-66 as an efficient and reusable catalyst for transesterification of triglyceride with methanol[J]. Journal of energy chemistry, 2016, 25 (5): 874-879.

[120] AZHAR M R, VIJAY P, TADÉ M O, et al. Submicron sized water-stable metal organic framework (bio-MOF-11) for catalytic degradation of pharmaceuticals and personal care products[J]. Chemosphere, 2018, 196: 105-114.

[121] CHEPLAKOVA A M, KOVALENKO K A, VINOGRADOV A S, et al. A comparative study of perfluorinated and non-fluorinated UiO-67 in gas adsorption[J]. Journal of porous materials, 2020, 27: 1773-1782.

[122] RUAN B, LIU H L, XIE L, et al. The fluorescence property of zirconium-based MOFs

adsorbed sulforhodamine B[J]. Journal of fluorescence, 2020, 30: 427-435.

[123] TSURUOKA T, FURUKAWA S, TAKASHIMA Y, et al. Nanoporous nanorods fabricated by coordination modulation and oriented attachment growth[J]. Angewandte chemie international edition, 2009, 48 (26): 4739-4743.

[124] SUN Y Z, CHEN M, LIU H, et al. Adsorptive removal of dye and antibiotic from water with functionalized zirconium-based metal organic framework and graphene oxide composite nanomaterial Uio-66-(OH)$_2$/GO[J]. Applied surface science, 2020, 525: 146614.

[125] ZHANG R Q, WANG Z, ZHOU Z X, et al. Highly effective removal of pharmaceutical compounds from aqueous solution by magnetic Zr-Based MOFs composites[J]. Industrial & engineering chemistry research, 2019, 58 (9): 3876-3884.

[126] HUANG L J, HE M, CHEN B B, et al. Magnetic Zr-MOFs nanocomposites for rapid removal of heavy metal ions and dyes from water[J]. Chemosphere, 2018, 199: 435-444.

[127] MORRIS W, BRILEY W E, AUYEUNG E, et al. Nucleic acid-metal organic framework (MOF) nanoparticle conjugates[J]. Journal of the American chemical society, 2014, 136 (20): 7261-7264.

[128] LEE Y R, KIM J, AHN W S. Synthesis of metal–organic frameworks: a mini review[J]. Korean journal of chemical engineering, 2013, 30: 1667-1680.

[129] LI Y, LIU Y, GAO W, et al. Microwave-assisted synthesis of UIO-66 and its adsorption performance towards dyes†[J]. Crystengcomm, 2014, 16: 7037-7042.

[130] VO T K, LE V N, QUANG D T, et al. Rapid defect engineering of UiO-67 (Zr) via microwave-assisted continuous-flow synthesis: Effects of modulator species and concentration on the toluene adsorption[J]. Microporous and mesoporous materials, 2020, 306: 110405.

[131] ZHANG H, GAO X-W, WANG L, et al. Microwave-assisted synthesis of urea-containing zirconium metal–organic frameworks for heterogeneous catalysis of henry reactions†[J]. Crystengcomm, 2019, 21: 1358-1362.

[132] ZHANG Z, TAO C A, ZHAO J, et al. Microwave-assisted solvothermal synthesis of UiO-66-NH$_2$ and its catalytic performance toward the hydrolysis of a nerve agent simulant[J]. Catalysts, 2020, 10 (9): 1-11.

[133] GUTOV O V, HEVIA M G, ESCUDERO-ADÁN E C, et al. Metal–organic framework (MOF) defects under control: insights into the missing linker sites and their implication in the reactivity of zirconium-based frameworks[J]. Inorganic chemistry, 2015, 54 (17): 8396-8400.

[134] THI DANG Y, HOANG H T, DONG H C, et al. Microwave-assisted synthesis of nano hf- and Zr-based metal–organic frameworks for enhancement of curcumin adsorption[J]. Microporous and mesoporous materials, 2020, 298: 110064.

[135] YANG F Y, DU M, YIN K L, et al. Applications of metal–organic frameworks in water treatment: a review[J]. Small, 2021, 30: 101577.

[136] SALEEM H, RAFIQUE U, DAVIES R P. Investigations on post-synthetically modified UiO-66-NH$_2$ for the adsorptive removal of heavy metal ions from aqueous solution[J]. Microporous and mesoporous materials, 2015, 221: 238-244.

[137] HUANG L J, HE M, CHEN B B, et al. A mercapto functionalized magnetic Zr-MOF by solvent-assisted ligand exchange for Hg^{2+} removal from water†[J]. Journal of materials chemistry A, 2016, 4: 5159-5166.

[138] MORCOS G S, IBRAHIM A A, EL-SAYED M M H, et al. High performance functionalized UiO metal organic frameworks for the efficient and selective adsorption of Pb (II) ions in concentrated multi-ion systems[J]. Journal of environmental chemical engineering, 2021, 5 (3): 105191.

[139] ZHAO F, SU C H, YANG W X, et al. In-situ growth of UiO-66-NH$_2$ onto polyacrylamide-grafted nonwoven fabric for highly efficient Pb(II) removal[J]. Applied surface science, 2020, 527: 146862.

[140] GUO Y X, JIA Z Q, SHI Q, et al. Zr (IV)-based coordination porous materials for adsorption of copper(II) from water[J]. Microporous and mesoporous materials, 2019, 285: 215-222.

[141] WANG C, LIN G, ZHAO J L, et al. Highly selective recovery of Au(III) from wastewater by thioctic acid modified Zr-MOF: Experiment and DFT calculation[J]. Chemical engineering journal, 2019, 380 (2020): 1225.

[142] AHMADIJOKANI F, TAJAHMADI S, BAHI A, et al. Ethylenediamine-functionalized Zr-based MOF for efficient removal of heavy metal ions from water[J]. Chemosphere, 2020, 264 (2): 128466.

[143] WANG D, XIAO X F, HAN B, et al. Adsorption of Ni^{2+} and Cu^{2+} from aqueous solution by polyethylenimine impregnation of metal–organic frameworks[J]. Nano, 2020, 15 (3): 2050029.

[144] XIE H Z, WAN Y L, CHEN H, et al. Cr(VI) adsorption from aqueous solution by UiO-66 modified corncob[J]. sustainability, 2021, 13 (23): 12962.

[145] WANG Y L, ZHANG N, CHEN D N, et al. Facile synthesis of acid-modified UiO-66 to enhance the removal of Cr(VI) from aqueous solutions[J]. Science of the total environment, 2019, 682: 118-127.

[146] WANG H, WANG S, WANG S X, et al. Adenosine-functionalized UiO-66-NH$_2$ to efficiently remove Pb(II) and Cr(VI) from aqueous solution: thermodynamics, kinetics and isothermal adsorption[J]. Journal of hazardous materials, 2021, 425: 127771.

[147] LI S Y, JIN Y Y, HU Z Q, et al. Performance and mechanism for U(VI) adsorption in aqueous solutions with amino-modified UiO-66[J]. Journal of radioanalytical and nuclear chemistry, 2021, 330: 857-869.

[148] AN J, GEIB S J, ROSI N L. Cation-triggered drug release from a porous zinc-Adeninate Metal–organic framework[J]. Journal of the American chemical society, 2009, 131 (24): 8376-8377.

[149] VAIDHYANATHAN R, BRADSHAW D, REBILLY J N, et al. A family of nanoporous materials based on an amino acid backbone[J]. Angewandte chemie international edition, 2006, 45 (39): 6495-6499.

[150] GIBSON D H. Carbon dioxide coordination chemistry: metal complexes and surface-bound species. What relationships?[J]. Coordination chemistry reviews, 1999, 185-186: 335-355.

[151] RIVERA-GIL P, JIMENEZ DE ABERASTURI D, WULF V, et al. The challenge to relate the physicochemical properties of colloidal nanoparticles to their cytotoxicity[J]. Accounts of chemical research, 2013, 46 (3): 743-749.

[152] WUTTKE S, LISMONT M, ESCUDERO A, et al. Positioning metal–organic framework nanoparticles within the context of drug delivery-a comparison with mesoporous silica nanoparticles and dendrimers[J]. Biomaterials, 2017, 123: 172-183.

[153] SIMON-YARZA T, MIELCAREK A, COUVREUR P, et al. Drug delivery: nanoparticles of metal–organic frameworks: on the road to in vivo efficacy in biomedicine [J]. Advanced materials, 2018, 30 (37): 1870281.

[154] AN J, GEIB S J, ROSI N L. Cation-triggered drug release from a porous zinc-adeninate metal–organic framework[J]. Journal of the american chemical society, 2009, 131 (24): 8376-8377.

[155] HORCAJADA P, CHALATI T, SERRE C, et al. Porous metal–organic-framework nanoscale carriers as a potential platform for drug delivery and imaging[J]. Nature materials, 2010, 9 (2): 172-178.

第二章

MOF 的功能化策略与结构调控

2.1 引言

MOF 具有几乎无限多种结构和组成，使其成为可被定向合成定制孔径和孔形的多孔材料。根据同网格原理，MOF 可以在其合成之前通过向有机配体的主干修饰取代基来功能化，或者在合成中采用各种不同的金属源来调控 SBU 的组成。然而，这些方法具有应用局限性，因为给定 MOF 的形成易受多重原因影响，影响因素包括反应参数、配体的几何形状、空间和化学性质以及其两种成分（即金属离子和配体）电子构型的细微变化等。MOF 合成前功能化的这些限制使得有必要开发一种工具箱，用以在合成后对框架结构进行修饰。这种称为合成后修饰（PSM）的方法允许 MOF 在合成后进一步地功能化，同时保留它们的基本结构、结晶度和孔隙率。PSM 的基本原理已被人们所熟知。对于碳纳米管（CNT）、沸石和中孔二氧化硅、有机硅酸盐和生物聚合物，该方法已经得到很好的应用；然而，MOF 的高度有序的晶体结构和金属有机性质使功能化的位置和程度都可以控制，从而给 PSM 提供了更合适的研究平台。简单的 PSM 方法在早期已经被人们熟知，如离子交换或溶剂去除，但是在过去的 10 年中，更多更精细的方法被开发了出来。这些方法有助于生成精密调控的材料，并且通过组合化学合成进行优化。本章将讨论原位和合成前功能化的具体方法和局限性，并展示如何采用 PSM 来直接合成具有无法获得的定制功能的广泛的同网格 MOF。

2.2 MOF 的制备与功能化

2.2.1 金属节点

通过金属离子作为节点与有机配体作为连接子，MOF 可在不同方向上形成周期性网络结构。MOF 的维度由金属节点的配位环境（配位数）决定，金属节点的配位环境决定 MOF 的最终拓扑结构。由于过渡金属元素的离子根据其氧化态和配位数的组合可提供不同方向的配体连接，因此，作为最常用的金属离子被广泛研究。这些金属离子形成的 MOF 较易形成各种几何形状，如线性、T 形或 Y 形、四面体、正方平面、正方锥体、三角双锥体、八面体、三角棱柱、五边形双锥体等。由于 Ag(Ⅰ) 和 Cu(Ⅰ) 具有 d^{10} 电子构型，可根据合成条件，如溶剂、温度、pH 等提供较宽范围的配位形状（线性、三角形、四面体、正方形平面、正方形锥体）。相反，具有其他电子构型的过渡金属离子具有确定的配位环境。例如，Ni(Ⅱ) 和 Pt(Ⅱ) 常形成正方形平面配位，Co(Ⅱ)

优先形成八面体几何形状，而 Cu(Ⅱ) 形成 Jahn-Teller 扭曲八面体配位几何形状（最终正方形平面或正方形锥体）。含有 Zn(Ⅱ) 和 Cd(Ⅱ) 作为金属节点的 MOF 备受关注，因为它们的 d^{10} 电子构型可以扩展多种配位数和几何形状。金属节点的配位环境也根据反应条件、溶剂、有机配体和抗衡阴离子而变化。除了过渡金属离子之外，镧系金属是另一种较多的选择，因为其能够采用更高的配位数（7~10），形成具有特殊网络结构的 MOF。

2.2.2 有机链接基团

通常选择具有相对较高对称性的有机配体作为有机链接基因，这些有机配体主要是由刚性不饱和烃片段合成，对框架结构的化学和机械稳定性具有重要作用。值得一提的是，结合位点的几何形状、长度、电荷和数量可调节 MOF 的孔径（微孔及中孔）和表面积。具有刚性有机主链的配体通常通过偶联反应，如 Suzuki 偶联、Sonogashira 偶联、Heck 反应等合成。有机配体种类繁多，通过选用不同配体，可以很容易地将 MOF 的孔隙率从超微孔（<0.7 nm）调整到中孔（2~50 nm）。此外，有机配体不仅可以通过长度分类，而且可以根据它们的电荷分类，即阴离子型、阳离子型和中性有机配体。阴离子配体主要含有—COOH、—OH 或—SO_3H 基团，而中性配体主要含有吡啶基团。阳离子配体非常少，因此，仅用于合成特殊的 MOF。大多数 MOF 的孔隙在微孔范围中，尽管也已经报道了几种介孔框架结构，但其结构在溶剂分子蒸发时不稳定。此时，采用溶剂交换、超临界 CO_2 等方式除去客体分子可不破坏中孔框架结构，从而获得目标 MOF。用于 MOF 合成的有机配体通常具有 2 个、3 个、4 个、6 个、8 个或 12 个连接点，并且它们通常被称为二配位、三配位、四配位等。特定配体的配位数不是定义网络拓扑结构的唯一因素，结合位点的延伸性也很重要。例如，尽管具有相同数量的连接位点，四面体和正方形平面配体会产生完全不同的网络拓扑结构。不同 SBU 可形成不同形状的配位结构，使 MOF 可形成各种拓扑结构的框架。通过改变有机配体并引入官能团，可以容易地获得种类丰富的配体，最好的实例是 MOF-5 和类似系列的等网格合成。有机配体的几何形状、功能性甚至配位位点都可以通过框架的 PSM 来改变。文献中报道了几种 PSM 方法，包括通过化学反应、在配体框架中掺入金属中心、光和热诱导反应等方式。在配体主链中引入手性中心，包括直接合成、后合成和手性诱导合成，可获得在对映选择性吸附和分离领域中显示出优异性能的纯手性 MOF。

2.2.3 SBU

由多核金属氧簇（通常称 SBU）构建的框架结构描绘了具有可调节结构和性质的晶体材料。以羧酸根作为结合位点的多齿有机配体具有将金属离子聚集成 M-O-C

簇或 SBU 的潜力，从而允许形成更刚性的框架。与具有单个金属节点的 MOF 相比，SBU 中的金属离子的位置被羧酸根部分锁定，大大提升了 MOF 的稳定性。通过将这些刚性 SBU 与不同长度和齿度的有机配体结合，可以容易地产生结构稳定且化学稳定的延伸网络。SBU 的另一个优点是其形成的 MOF 具有中性框架，排除了空腔中抗衡阴离子的存在，从而增加了 MOF 的孔隙率。MOF 结构中 SBU 的早期实例之一是 MOF-3，其中三核 Zn-羧酸盐簇可被认为是八面体 SBU。通过将 SBU 与 BDC 配体连接可产生原始三维立方网状拓扑结构。溶剂甲醇分子也可连接到三核簇的金属中心并保持结构完整性，即使再除去它们也不会破坏结构本身。由于截短四面体形状的 $Zn_4O(—COO)_6$ SBU 的存在，MOF-5 在某些条件下表现出较强的稳定性。BDC 配体连接到 6-c 节点以形成三维结构并消除 SBU 中心处的所有应变力，从而导致 MOF 卓越的机械和结构稳定性。类似类型的 SBU 也存在于 MOF-177 中，其中相同的 $Zn_4O(—COO)_6$ 簇连接到 BTC 以形成具有混合 (6,3)-配位的网络。在 CPM-7 MOF 中也发现了另一种类型的 $Zn_4O(—COO)_6$ SBU，其中 6 个羧酸根中的 3 个螯合 2 个金属离子，而其他羧酸根作为单齿结合。除了 $Zn_4O(—COO)_6$ 簇合物外，CPM-7 还具有两种其他类型的 SBU{[$Zn_3(OH)$] 三聚体和 Zn(Ⅱ) 单体}。

许多不同的多核金属簇可作为 MOF 框架结构的 SBU。其中之一是桨轮 SBU，它由两个金属中心 [如 Zn(Ⅱ) 或 Cu(Ⅱ)] 通过 3 个或 4 个羧酸盐单元桥接而形成。平面 $(M_2L_2)_n$ 网格通过桨轮与线性配体的连接产生，其可以进一步连接到溶剂分子以形成堆叠的二维多孔层，或者可以通过双端（ditopic）柱，如 dabco（1,4-二氮杂双环 [2.2.2] 辛烷）互连以产生三维框架。包含桨轮单元的 MOF 结构显示出良好的刚性（HKUST-1）和柔性 [DUT-8(Ni)、DUT-49]。

为了使 MOF 的结构更加稳定，还可使用高价金属离子如 Cr(Ⅲ)、Fe(Ⅲ) 和 Zr(Ⅳ) 作为较小的硬离子，与较大的软离子如 Zn(Ⅱ) 或 Cd(Ⅱ) 相比，它们倾向于与羧酸根部分的氧中心形成更强的配位键。这一概念被用于合成 MIL-101，其中小簇 $Cr_3(\mu_3\text{-}O)$ 与来自不同 BDC 接头的 6 个羧酸酯连接，以产生具有 $[Cr_3(\mu_3\text{-}O)(COO)_6]$ SBU 的高度多孔结构（孔径范围为 29~34 Å，Langmuir 表面积为 5 900 m^2/g）。发现 MIL-101 在各种溶剂、pH 中表现出高化学稳定性。Lillerud 等报道了 MOF 的最高配位的 UiO-66，其中 SBU 是含有 Zr(Ⅳ) 金属离子的 12 个连接的 $Zr_6O_4(OH)_4(COO)_{12}$ 单元。除了 12 个连接的 SBU 外，Zr 还提供 8 个连接的（PCN-222）和 6 个连接的（PCN-224）节点，带有 Zr_6O_8 单元。然而，还有重要的一点注意事项，那就是在合成 Zr-MOF 时几乎不可能预测晶体形成和溶液平衡的机制，为了得到较好的单晶产物而不是微晶粉末，往往需要通过多次实验来调整反应条件。反应条件的细微变化有时会产生具有不同连接性的 MOF，还存在金属羧酸盐无限链的情况，其进一步通过有机主链连接以产生三维框架结构。在 MIL-53 中，六配位 Al(Ⅲ) 中心的轴向位置填充有来自不同羧酸盐的 4 个氧原子，并且轨道位置填充有 OH 基团以产生 $AlO_4(OH)_2$ 八面体。这种 $AlO_4(OH)_2$ 单元相互连接形成无限反式链，三维结构的孔尺寸取决于插入的有机框架的性质。在 MOF-74 中也发现了类似类型的一维链，如 SBU，其中金属离子与羧酸根和羟基配位以形成 $[M_2O_2(COO)_2]$ 单元的螺旋 M-O-C 棒。每个八面体金属中心与 3 个羧酸根、2 个羟基连接，并且剩余的配位位点由末端 DMF 配体完成。MOF 的组分具有金属中心的不同配位环境和有机接头的不同几何形状。

2.3 结构调控及合成策略

2.3.1 金属还原反应

还原反应主要指金属氧化物与还原剂（氢气、一氧化碳、碳单质）反应产生金属单质和另外一种物质的反应。化学上把物质氧化数降低（得电子）的反应叫作还原反应。金属单质只有还原性，只是做还原剂，按活动顺序表金属单质还原性越强，其简单阳离子的氧化性越弱（图 7）。

K Ca Na Mg Al Zn Fe Sn Pb H Cu Hg Ag Pt Au
→
失电子能力减弱，单质的还原性减弱

K^+ Ca^{2+} Na^+ Mg^{2+} Al^{3+} Zn^{2+} Fe^{2+} Sn^{2+} Pb^{2+} H^+ Cu^{2+} Fe^{3+} Hg^{2+} Ag^+
→
得电子能力增强，离子的氧化性增强

图 7 金属活动性顺序

过渡金属是指元素周期表中 d 区的一系列金属元素，又称过渡元素。由于ⅠB 族元素（铜、银、金）在形成 +2 价和 +3 价化合物时使用了 d 电子、ⅡB 族元素（锌、镉、汞）在形成稳定配位化合物的能力上与传统的过渡元素相似，因此，也常把ⅠB 和ⅡB 族元素所在的 ds 区列入过渡金属之中。由于这一区很多元素的电子构型中都有不少单电子较容易失去，所以这些金属都有可变价态，有的（如铁）还有多种稳定存在的金属离子。过渡金属最高可以显 +7 价（锰）、+8 价（锇）氧化态，前者由于单电子的存在，后者由于能级太高，价电子结合的较为松散。高氧化态存在于金属的酸根或酰基中。

对于第一过渡系元素，高氧化态经常是强氧化剂，并且它们都能形成有还原性的二价金属离子。对于二、三过渡系，由于原子半径大、价电子能量高的原因，低氧化态很难形成，其高氧化态也没有氧化性。同一族的二、三过渡系元素具有相仿的原子半径和相同的性质，这是由镧系收缩造成的。

作为一类新型多孔材料，MOF 通过金属离子 / 簇和有机配体的配位键相互连接，具有高结晶度和多孔有序性。鉴于其高比表面积、可调孔径和拓扑结构、明确的金属节点、可调化学成分和表面功能等功能化特性，MOF 基材料已被证明与其他多孔材料相比作为氧化还原反应（ORR）电催化剂具有很强的竞争力。

基于过渡金属氧化物（TMO）的电催化剂具有高活性、低成本、高可用性、可变氧化态以及更好的稳定性等优点，可以作为适用于 ORR 的电催化剂，并引起了极大的关注[1]。从理论上来分析，与单个 TMO 相比，混合过渡金属氧化物（MTMO）由于其增强的电导率而显示出更好的 ORR 性能[2]。理论和实验研究都表明，具有尖晶石结构的 TMO 基催化剂可作为燃料电池、其他能量转换和存储设备的高效电极材料[1]。从 TMO 和后 TMO 的组合或两种低价 TMO 的混合物，到不同尖晶石结构中获得的 MTMO，均显示出了更好的 ORR 电催化性能。它们的电导率也明显高于简单的 TMO。

将 MOF 与各种功能材料集成是提高 ORR 性能和新功能的有效且可行的策略。迄今为止，通过将 MOF 与功能材料组装，已成功获得多种 MOF 复合材料，根据主要活性位点的分布可分为两类[2]。

第一类是 MOF 和导电碳材料的组合，其中 MOF 是 ORR 的主要活性物质，而碳材料则充当广泛的导电网络。例如，Jahan 等[3]报道了吡啶功能化石墨烯与铁卟啉 MOF 复合材料的杂化物用于 ORR。Zhong 等[4]最近的一项研究中，他们报道了一种基于 Cu-酞菁的二维共轭 MOF(PcCu-O_8-Co)，其具有方形平面钴-双(二羟基)络合物作为连接。将 CNT 引入 MOF 中形成了 PcCu-O_8-Co/CNT 的复合材料，以及层状 MOF 和 CNT 的均匀混合物。活性位点的高覆盖率和良好的导电性以及多孔结构共同使 PcCu-O_8-Co/CNTs 复合材料成为碱性介质中 ORR 的 3.93 电子通路。

第二类是 MOF 与金属或金属化合物的结合，其中金属或金属化合物是活性物质，MOF 起载体或反应室的作用。He 等[5]所制备的 Co/MIL-100-Cr 具有较高的 Co(Ⅱ)含量，显示出更好的 ORR 活性。Cho 等[1]使用硫代乙酰胺部分硫化 HKUST-1 的 MOF[$Cu_3(BTC)_2(H_2O)_3$]制备一系列纳米 CuS（xwt%）@HKUST-1（x 代表纳米 CuS）复合材料的量。值得注意的是，复合材料中导电纳米 CuS NP 的增加导致孔隙率降低但电导率增加。这项工作揭示了孔隙率和电导率对电催化性能的重要性。MOF 中均匀且可调节的孔隙不仅可以作为限制贵金属 NPs 的反应室，更重要的是可以限制其他更大分子（如甲醇）的浸入，从而为设计高效和选择性的 ORR 电催化剂提供了良好的模型[2]。

受益于功能材料和复杂的结构，这些 MOF 复合材料不仅具有增强的导电性，而且具有强大的化学稳定性。更值得注意的是，组分和结构相互作用的协同效应使这些复合材料具有单独组分所不具备的新的物理和化学性质，从而具有很高的活性和稳定性。此外，丰富的 MOF 和功能材料以及新合成方法的发展将创造出具有高电催化活性和稳定性的更先进的 MOF 复合材料。

2.3.2 羧酸转换

羧酸（—COOH）也叫有机酸，是烃基与羧基结合而成的有机化合物的总称。在 MOF 的各种官能团中，例如—COOH、—NH$_2$、—X（Cl、Br、I 和 F）、—SO$_3$H 和 —CF$_3$ 等，—COOH 是使用最广泛的官能团之一。MOF 上的游离—COOH 基团非常有趣，因为它们具有 Brønsted 酸度、极性以及通过各种相互作用与有机化合物和金属结合的能力。迄今为止，已经使用各种合成技术制备了几种带有游离—COOH 基团（MOF-COOH）的 MOF，因为—COOH 基团可以在去质子化后与各种金属离子或簇配位。此外，MOF-COOHs 在吸附、催化、质子传导等广泛的应用领域已经显示出显著的进步和前景 [6]。羧酸显酸性的原因是羟基氧原子的 p 轨道会和羰基中的 π 键发生 p—π 共轭，羰基对羟基的影响会导致 O—H 键极性增大，这个质子就容易电离出来从而显酸性。

迄今为止，在 MOF 表面引入游离—COOH 功能团的方法已有很多，其主要合成原理是直接合成法（DS）和 PSM 法两种（图 8）。具有未配位的—COOH 基团的 MOF-COOH 可以使用带有足够数量的—COOH 基团的单个有机接头直接合成。当存在一个或多个非配位或额外的—COOH 基团时，可以构建带有游离—COOH 基团的 MOF，因为在合成条件下此类—COOH 基团的去质子化受到限制。各种常规、非常规和复杂配体，如 1,2,4,5-苯四甲酸或均苯四酸（H$_4$BTeC）、1,2,4-苯三甲酸或偏苯三酸（H$_3$BTC）、联烟酸盐酸盐（BNA·HCl）、1,3,5-三(4-羧基苯基)苯（H$_3$BTB）、联苯-3,3',5,5'-四羧酸（H$_4$BPCA）、2,5-双(3',5'-二羧基苯基)-苯甲酸（H$_5$PBA）、联苯-三吡啶-四羧酸等。

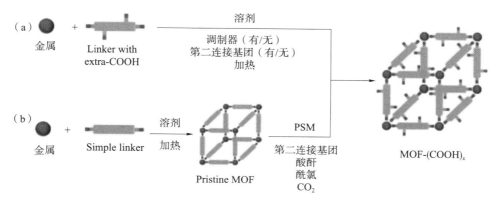

图 8 （a）H$_4$BTeC 直接合成法和（b）PSM

DS 法是最常用的用于制备 MOF-COOH 的有机配体的方法之一。特别是，使用 H₄BTeC 合成了一系列与 MIL-47(V)[7] 或 MIL-53（Fe、Cr 或 Al）拓扑相关的 MOF—COOH，但没有观察到永久孔隙率。制备的 MOF—COOH 主要基于 Fe、V、Ga 和 Al，其中八面体金属簇与 H₄BTeC 的 1 位和 4 位的—COOH 基团桥接，而 2 位和 5 位的—COOH 基团保持未配位。相比之下，H₄BTeC 的所有—COO—基团都与铁基、铜基和镉基均苯四酸盐中的金属位点配位。MOF 的结构和性质，如结晶度，通常取决于金属源、溶剂、是否存在调节剂和前体的摩尔比。

PSM 法可用于接头缺失或位点有缺陷的 MOF 通过合成后配体交换来创建游离—COOH 功能。在 NU-125(Cu) 中有意掺入缺陷位点后，该方法已成功应用于制备具有游离—COOH 基团的 Cu 基 MOF[NU-125(Cu)-COOH 具有 rht 拓扑结构]。然后应用报告的方法将 IPA 作为第二个衔接器合并到缺陷的 NU-125(Cu)[8]，然后在 DMF 中存在 BTC 的情况下进行热处理，将 NU-125(Cu) 转化为所需的 NU-125(Cu)-COOH MOF。所得材料显示出有效的接头交换（IPA 被 BTC 取代），框架结构没有任何变化，主配体 5,5′,5″-{4,4′,4″-[苯-1,3,5-三基三 (1H-1,2,3-三唑-4,1-二基)]}三-1,3-苯二甲酸。此外，BTC 的 3 个—COOH 基团中只有两个与 Cu(Ⅱ) 中心配位，而一个—COOH 基团在 NU-125(Cu) 框架中保持游离，得到 NU-125(Cu)-COOH 和游离的—COOH 基团。漫反射红外傅里叶变换光谱分析证实了游离—COOH 基团的存在，这对进一步的 PSM 很有用。

2.3.3 C—C 键构建

形成 C—C 键的主要方法：①碳中心亲核试剂的烷基化反应；②碳中心亲核试剂的酰化反应；③含碳亲核试剂与 α, β-不饱和羰基化合物等的 Michael 加成反应；④自由基偶联反应；⑤过渡金属催化偶联反应。有机合成中常用的碳中心亲核试剂：①有机金属试剂，如格式试剂[9]；②具有活泼氢的亚甲基或甲基化合物；③炔盐；④烯胺、烯醇硅醚等中性试剂[10]；⑤叶立德试剂。

2.3.3.1 碳中心亲核试剂的烷基化反应

最简单的烷基化反应是碳负离子与卤代烃或对甲苯磺酸酯等烷基化试剂的亲核取代反应。烯、醛和酮也可以看作是烷基化试剂，反应后可以在亲核试剂的碳中心原子上引入羟甲基或者羟烷基。如使用稳定和丰富的烯烃作为亲核试剂，将烯烃插入金属氢化物物质中会原位生成金属烷基物质，以 C—C 交叉偶联反应的方式与碳亲电子试剂反应[11]。

2.3.3.2　碳中心亲核试剂的酰化反应

常用的酰化试剂一般需要与亲核能力很强的试剂反应。羧酸酯是一种较温和的酰化试剂，与较强的碳亲核试剂反应得到酮类化合物。由于酮羟基的活性比酯高，反应过程中会产生亲核试剂与酮进一步反应生成副产物。甲酸酯是一种有效的甲酰化试剂，可以与酮等在碱催化下反应。分子内的酰化反应可用于合成环状化合物。酸酐是一个较活泼的酰化剂，可与各种亲核试剂发生酰化反应。酰氯的反应活性也很高，在不同条件下可以与各种亲核试剂发生酰化反应，烯胺也可以与酰氯反应得到酮化物 [12]。

2.3.3.3　含碳亲核试剂与 α, β- 不饱和羰基化合物等的 Michael 加成反应

烯醇盐与 Michael 受体间的 Michael 加成反应是构建碳链的重要方法之一。常见的 Michael 受体主要由 α,β-不饱和醛酮、α,β-不饱和羧酸酯、丙烯腈和硝基烯烃等，形成碳负离子的试剂包括活泼氢的亚甲基化合物、硝基烷烃、烯胺及氰化钾等。

2.3.3.4　自由基偶联反应

酯等羰基化合物在金属还原下，形成双分子偶联产物。芳基重氮盐与不饱和化合物在氯化亚酮的作用下可以发生芳基化反应 [13]。

2.3.3.5　过渡金属催化偶联反应

偶联反应（coupling-reaction）是两个化学实体（或单位）结合生成一个分子的有机化学反应。狭义的偶联反应是涉及有机金属催化剂的 C—C 键生成反应，根据类型的不同，又可分为交叉偶联和自身偶联反应。通过过渡金属介导的过程形成 C—C 键大大加速了有机合成领域的前进步伐，金属催化的交叉偶联反应的出现也导致了 C—C 键（sp2—sp2）组装革命的到来 [14]。

Wurtz-Fittig 反应：1855 年，法国化学家 Wurtz 发现卤代烷和金属钠作用后，生成了含碳原子数增加 1 倍的烷烃。上述反应对伯卤代烷较为适宜，叔卤代烷则形成烯烃。反应可能形成有机钠中间体，属于 SN2 历程。德国化学家费提希用金属钠、卤代烷和卤代芳烃一起反应，得到了烷基芳烃，称为 Wurtz-Fittig 反应。本法获得率较高，副产物容易分离，是一种重要的制备烷基芳烃方法。

Glaser 偶联反应：1869 年，Glaser 发现末端炔烃在亚铜盐、碱以及氧化剂作用下，可形成二炔烃化合物。

Ullmann 偶合反应：有机合成中构建 C—C 键最重要的方法之一。Ullmann 偶合反应首次报道 1901 年它通常是利用铜作为催化剂，催化卤代芳烃发生偶合反应生成联苯及其衍生物。目前该反应的底物范围、反应条件以及催化剂等都有了较大的改进。

2.3.4 小分子形成杂环

MOF 中小分子杂环有机配体种类繁多、配位点多、配位方式灵活且多样，已报道的有机配体有羧酸类、吡啶类、咪唑类、多氮唑类、羧酸吡啶类等。选择不同的金属中心与有机配体组合将得到多种新颖的拓扑结构（图 9）。

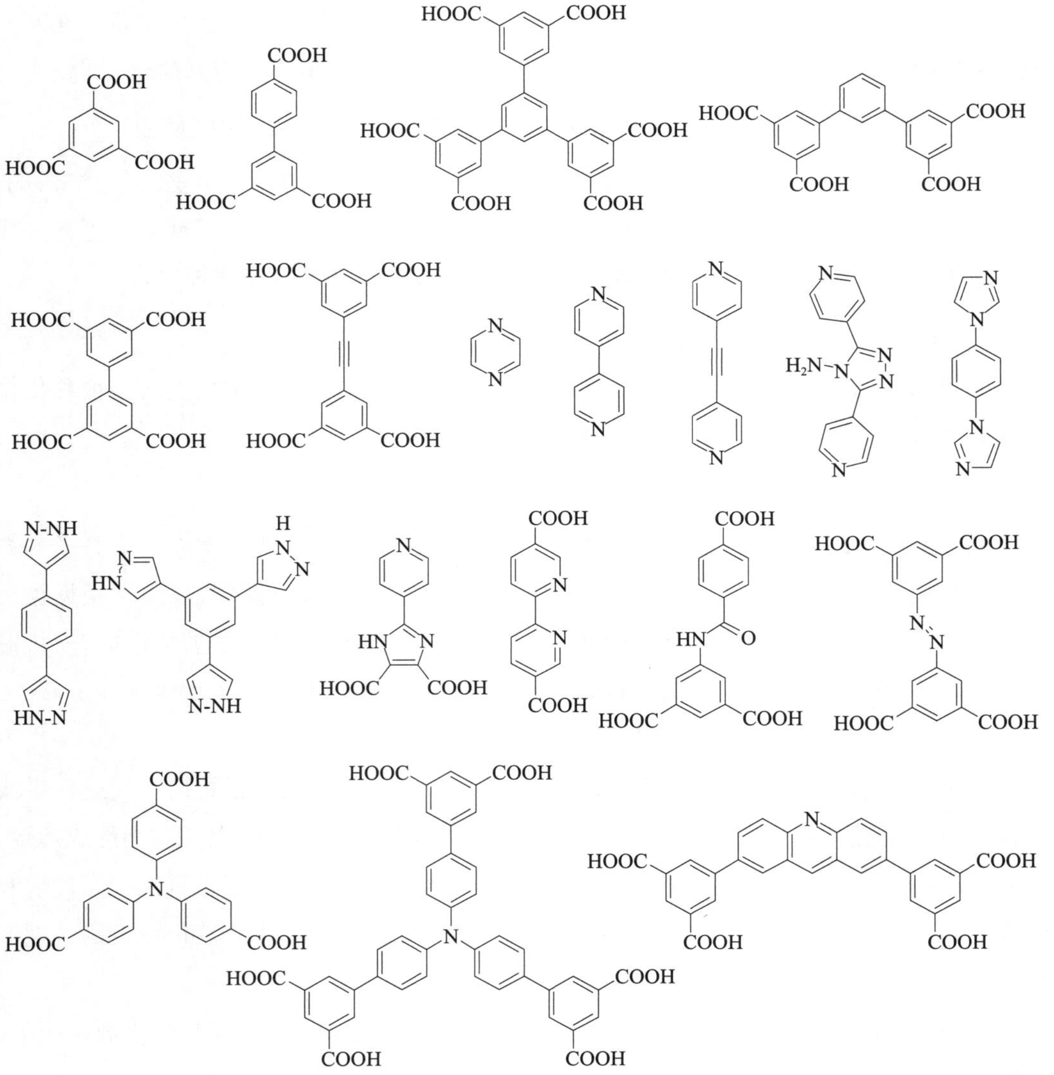

图 9　部分常见 MOF 中小分子杂环有机配体

（1）羧酸类有机配体：可将配体进行延伸和配体截断，配体延伸法是在配位组分之间插入苯基、炔基、烯基、偶氮基等作为连接体，使用该策略得到的配体能够合成具有相同的拓扑结构、更大的孔径和高比表面积的多孔 MOF。但是延长有机连接体有时会导致框架的稳定性变差，以及框架相互穿插导致孔径变小。

（2）含氮杂环有机配体：除了常见简单的咪唑类、吡唑类、多氮唑类配体外，可通过配体延伸法将多个吡啶、咪唑等配位组分之间插入苯基、炔基、烷基等作为连接体，以得到高稳定、高比表面积的多孔 MOF。

（3）混合有机配体：利用混合配体合成 MOF 的方法是将不同配体与金属盐通过自组装来增加结构多样性和复杂性。如利用半刚性"V"形三元羧酸配体和杂环噻二唑二羧酸配体分别与 4,4-联吡啶组成混合体系构建多功能 MOF[15]。

2.3.5 含硫配体的转化

含有金属-硫键的催化剂在生命系统中很丰富，同时被认为在生物学相关过程中起着关键作用。含硫配体的金属化合物在氢化、氢转移、硅氢化反应、加氢甲酰化、羰基化、Heck 反应、烯丙基烷基化、C—C 交叉偶联、聚合、共轭加成和氧化加成中有重大的应用。氮杂环硅烯配体由于其较强的 σ 供体 /π 受体及其特殊的空间位阻的原因，用于构建金属配合物可以得到不同活性的新型的金属配合物。

含硫配体是一类较好的配体，可以与多种金属结合生成不同性质的金属配合物具有含硫杂环的 MOF 可以通过 3 种原位方法构建：原位 S—S 功能反应、原位 C—S 键断裂和原位硫醇—S 原子反应。第一种是该领域中使用最广泛的工具，主要是由于通过 S—S 还原和氧化裂解进行的多功能 S—S 转换；第二种方法是最近开发的有效方法，主要涉及加氢脱硫（HDS）；第三种是对起始配体的一种特殊的转换方法。

二硫化物在各种热、化学、光化学和电化学条件下都很容易发生 S—S 键断裂。然而，S—S 键断裂的机制相当复杂，可能涉及多种途径。S—S 键的还原裂解经常被用作在早期阶段将金属-硫键结合到分子组装体中的有效方法。然而，这方面的大多数例子都局限于在紫外线或热处理以及环境条件下将二硫键氧化加成到金属中心 [16]。

1984 年，为了扩展二茂铁作为螯合配体的应用，Brubaker 课题组研究了二茂铁硫化合物的制备和反应性质。通过锂化二茂铁，然后与适量的二硫化物反应，得到了二茂铁硫化合物。二茂铁硫化合物衍生物容易螯合钯 / 铂卤化物形成新型的钯 / 铂二茂铁硫配合物 [17]。1987 年，该课题组结合上述工作，又合成了含有硫，氮二齿杂原子支持的钯 / 铂金属化合物。

2002 年，Morales-Morales 课题组报道合成了硫，磷双齿配体支持的金属钯配合物 {PdCl$_2$[MeSC$_6$H$_4$-2-(CH$_2$PPh$_2$)]}4。配合物 4 以 2-溴苄为起始原料，通过与二苯基磷，二甲基二硫醚两步反应得到二苯基磷苄基-2-甲基硫醚配体，然后与 COD 配位的氯化钯化合物反应，得到硫，磷配体支持的二价钯的配合物，并且作者对其进行了完整的谱图表征，以及单晶结构的测试。配合物还能够用于芳基碘化物以及溴化物与烯烃的偶联反应，当用芳基溴化合物做底物时，最大 TON 值为 10^6，值得注意的是，该催化体系具有高产率、对水和空气稳定的特点[1]。

涉及含硫配体支持的过渡金属化学由于其在生物学中有很多的相关性而成为当前的关注焦点之一，并且在新型复合物合成领域中占据着重要性。因此，对于不同结构和不同核心含硫配体支持的过渡金属配合物的研究受到特别关注。

2.3.6　表面修饰

纳米材料经表面修饰后在保留本征结构的同时具有良好的理化性质、理想的应用性能，在工业制造、生物检测、药物传递、光电催化、液相分离、环境治理等诸多高新科技与民生领域中发挥重要作用。

表面结构是影响材料性能的关键因素，通过物理、化学手段对金属氧化物纳米材料进行表面功能化修饰，合理调控材料的表面结构是制备高性能金属氧化物纳米材料的有效途径。其目的是改变材料表面的理化性质（表面官能团、表面润湿性等）、调节材料表面自由能、调控表面电荷、提高表面活性等[18]。表面修饰主要包括物理修饰和化学修饰。其中，化学修饰可以分为偶联剂修饰、表面接枝修饰和原位修饰等。

2.3.6.1　物理修饰

物理修饰通过静电力或范德华力等作用将特异性物质吸附、涂覆或包覆在纳米材料表面。通过物理方法对金属氧化物纳米材料表面进行修饰相对简单、成本低且对环境友好，无须使用任何有生物毒性的化学试剂。常用的物理修饰剂包括聚合物和表面活性剂等[19]。目前，越来越多研究者倾向于利用表面活性剂通过表面吸附作用对材料进行修饰。表面活性剂中含有极性（亲水性）和非极性（疏水性）基团，通过范德华力将极性基团吸附在材料表面，非极性基团则与油性液相融合；反之，非极性基团吸附在材料表面，极性基团则与水性液相融合，进而可以减少材料之间的相互作用，有效防止材料之间的团聚，改善材料的表面润湿性及其在液相中的分散性[36]。

表面包覆也是一种常用的物理修饰方法，是在材料表面包覆/沉积一种或多种物质，形成异质结构的包覆层。这是核壳结构的金属氧化物纳米材料制备中应用最广泛的方法之一。此外，利用物理方式如等离子体、紫外线照射等对金属氧化物纳米材料进行表面修饰也属于物理修饰范畴[20]。物理修饰可以改变纳米材料的表面活性，降低团聚，提高纳米材料与其他物质之间的相容性。但由于作用力单一，当体系压力或温度等环境因素改变时，经物理修饰的金属氧化物纳米材料极容易发生明显的相分离等情况。除此之外，在某些强烈外力作用下如快速搅拌，也可能发生脱附现象导致再次团聚。因此，经物理修饰制得的纳米材料通常具有动力学和热力学不稳定的缺点。

2.3.6.2 化学修饰

化学修饰是指将金属氧化物纳米材料表面与修饰剂之间进行化学反应，来使得自由基纳米材料功能化的目的。化学修饰法是开发功能化金属氧化物纳米材料的有效方法，主要包括偶联剂修饰、表面接枝修饰、原位修饰、层层自组装修饰等。

2.3.6.3 偶联剂修饰

偶联剂修饰是指材料表面经偶联剂处理后可以与有机物发生良好的相容性反应的方法。偶联剂分子具有与材料表面进行反应的极性基团以及与有机物发生反应的有机官能团。目前常用的偶联剂包括硫醇、胺、有机磷分子、羧酸、聚合物和硅烷偶联剂等，其中应用最为广泛的是硅烷偶联剂[21]。硅烷偶联剂的结构通式简写为 $X(CH_2)SiR_3$，其中 X 代表有机官能团，如乙烯基、氯丙基、环氧基、巯基等。R 代表极性基团，如甲氧基、乙氧基等。但是，氟硅烷、氯硅烷、聚二甲基硅氧烷等硅烷偶联剂具有成本高、生物毒性大等缺点，对生态环境及人类身体健康存在极大危害，在金属氧化物纳米材料的表面修饰应用中受到一定限制。

2.3.6.4 表面接枝修饰

表面接枝修饰是将聚合物链共价连接到金属氧化物纳米材料表面的技术[22]。通过改变反应条件或受外部响应刺激后，材料表面接枝的聚合物链容易发生自聚合或自组装并形成一层聚合物薄膜。按照反应方式可以将表面接枝修饰分为偶联接枝修饰（直接反应）、聚合生长接枝修饰（先聚合后接枝修饰）以及聚合与接枝同步修饰。表面接枝修饰可以引入各种活性基团以满足功能化需求，同时充分发挥高分子物质和材料的优势，实现功能化金属氧化物纳米材料的优化设计。但是，受金属氧化纳米材料的空间位阻效应的影响，导致直接偶联接枝修饰的效率偏低，不利于实际应用。近年来，聚合生长接枝以及聚合与接枝同步修饰的方法被普遍应用。

近年来，许多行业的应用需求都是在对纳米材料表面改性的基础上完成的，但大多数表面改性过程仍然很复杂并且需要消耗大量的溶剂、化学品或能源。随着表面改性领域的迅速发展，这对环境会造成很大的负面影响。因此提出一种新型的无须溶剂的大规模表面改性方法，即通过简单的球磨工艺将聚硅氧烷（PSOs）接枝到无机金属氧化物纳米颗粒表面[23]。PSOs 含有硅氧烷框架和有机侧链，因其无毒、多功能和良好的稳定性而被广泛应用。PSOs 表面含有丰富的羟基，在研磨过程中，金属、氧化物和金属氧化物等纳米颗粒被研磨并同时与 PSOs 反应以进行修饰表面反应。这种方法可以在一个步骤中进行大规模的表面改性，而无须使用额外的溶剂或化学品。此外，根据

PSOs 的功能侧基，无机颗粒的表面具有多种功能如疏水性和交联力，从而可以制备功能性复合薄膜。

2.3.6.5　原位修饰

原位修饰是指在金属氧化物纳米材料的制备过程中掺杂修饰剂的方法。ZnO、TiO_2、Fe_3O_4 等纳米粒子的表面能较高，当与表面能较低的物质进行复合时，在二者的界面处会出现明显的空隙，导致复合材料易发生降解、脆化等现象。为解决这一问题，在 ZnO、TiO_2、FeO 等纳米粒子的制备过程中掺杂修饰剂，通过原位修饰的方法制备功能化纳米粒子成为广泛应用的合成手段。例如，Wang 等[24] 在 TiO_2 纳米粒子合成过程中加入不同含量的 $AgNO_3$；并在 HNO_3 的催化下经 500 ℃高温煅烧后制得 Ag 掺杂 TiO_2 纳米粒子。目前，原位修饰的方法已经得到广泛的应用，尤其在 MOF、量子点（QDs）等材料的功能化修饰中发挥重要作用。CdS 纳米粒子的光学和电学性质可以通过掺杂合适的材料来改变，使用贵金属作为掺杂剂可以增强 CdS 的光催化能力。MOF 中存在饱和或 CuS，对有机染料如甲基橙、阿利新蓝和亚甲基蓝等具有理想的吸附性能。然而，单纯的 MOF 在制备和应用过程中繁琐且耗时的离心过程限制了它们的实际应用。为了解决这个问题，研究者们考虑到通过原位修饰的方法将 FeO 磁性纳米颗粒掺入 MOF 中，通过快速的磁性分离完成对吸附剂的回收和再利用。

2.3.7　孔隙封装

近年来，MOF 在酶包封方面显示出巨大优势，由于其可调的孔径和酶与载体之间的相互作用力，可以显著提高酶的稳定性并保持酶的活性[25]。由于 MOF 的孔径高度可调，不同大小的酶分子可以固定在 MOF 中。根据载体的可调孔径：微孔（＜2 nm）、介孔（2～50 nm）和分级多孔（1～200 nm）MOF，MOF- 酶复合物可分为 3 种：①通过共价键或物理相互作用进行表面固定，如酶和载体之间的原位包封（共沉淀、生物矿化等）和具有非共价相互作用（范德华相互作用、π—π 堆积、氢键等）的孔包封；②对于微孔支持，采用表面固定和原位封装，因为酶的大小通常大于 2 nm，原位封装适用于微孔 MOF，如 ZIF-8、ZIF-90、HKUST-1@Fe_3O_4、UiO-66(Zn)、MIL-101(Cr)、PCN-250、ZIF-8、MIL-100-(Fe)、UIO-6。在 MOF 生长过程中，酶可以通过框架晶体中缺陷的形成原位嵌入，然后框架可以保护酶，在恶劣条件下提供高稳定性；③酶分子的尺寸可以大于 MOF 的孔道，导致酶被框架包围，在介孔 MOF、Zn-MOF、PCN-222(Fe)、MIL-88B、H-MOF(Zn)、MIL-101(Cr)、基于 Cu-BTC 的 MOF、Pd@ED-MIL-10、PW@MIL-100(Fe)、Tb-MOF 等，酶的孔隙封装技术是通过将酶分子隔离在有机框架的孔隙中以及防止酶从载体中泄漏来保护酶免受恶劣条件影响的有效策略。

介孔二氧化硅纳米粒子（MSN）是一类分子，由于其众多的理想特性，在小分子递送封装领域引起了广泛关注。它们具有孔的大小和 MSN 本身的大小可以综合控制的特点。此外，含硅烷醇的表面可以很容易地进行功能化[26]，能够用叶酸或透明质酸等靶向分子进行修饰以增强细胞摄取并允许吸附具有不同等电点的各种蛋白质。由于其结构特点，MSN 可保护蛋白质免于在体液中过早降解，从而提高蛋白质在体内的递送效率。这种特性组合意味着 MSN 已显示出作为蛋白质递送的非侵入性和生物相容性平台的潜力，特别是在酶疗法领域、接种疫苗和成像等领域有着广泛的应用前景。而且由于 MSN 比真核细胞小得多，因此它们可以促进蛋白质通过内吞途径和随后的内体逃逸而更易进入胞质溶胶的内部。

为了控制这些纳米粒子的大小和形态，已经开发了许多用于制备 MSN 的合成方案。然而，在 MSN 中封装蛋白质仍然具有挑战性，并且只有少数出版物涉及设计具有能够有效封装广泛蛋白质的形态的 MSN。通常，由于孔径较小（<3 nm），蛋白质仅可以吸附在 MSN 的外表面上，吸附在 MSN 外表面的蛋白质无法利用 MSN 内部的保护环境，也无法利用孔隙所提供的大内表面积。因此，为了解决这种蛋白质难以进入内孔的问题，如今已经合成了具有大孔径的 MSN。且研究表明，50～200 nm 的粒径更适合内吞摄取。

2.3.8　共价结合

MOF 的共价 PSM 作为一种众所周知的方法，使用带有官能团的连接分子通过共价结合来功能化 MOF 材料的方法有如下 4 种（图 10）。

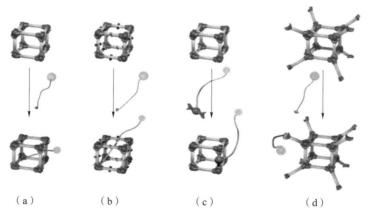

（a）　　　　　（b）　　　　　（c）　　　　　（d）

图 10　4 种使用带有官能团的连接分子以共价结合方式对 MOF 进行功能化方法

2.3.8.1　在 CUS 接枝聚合物

通过配位键在 MOF 颗粒外表面上存在的配位 CUS 上接枝聚合物结构，近年来被采用以创建核-壳功能化的 MOF 纳米颗粒。然而由于 MOF 颗粒内表面可能存在 CUS，特别是在功能单元小于孔径的时候后者也可能被功能化 [71]。因此，该内部功能化缺陷增加了功能单元和 CUS 之间的弱相互作用，限制了这种功能化 MOF 方法的应用。

2.3.8.2　在 MOF 外表面选择性锚定官能团

使用带有官能团的连接分子来功能化 MOF 块状材料的内表面，也可以用于功能化 MOF NP 的外表面。但这种功能化对 MOF NP 外表面的选择性只有在功能单元足够大而不能进入框架的内表面时才能实现。这一限制可通过仅在 MOF 的外表面选择性锚定官能团（表面连接的 MOF 多层膜，SURMOF）来实现 [27]。

2.3.8.3　MOF 微晶的第一个外部单层上的配体交换

与功能性接头分子的合成后配体交换仅发生在 MOF 微晶的第一个外部单层上这种功能化策略的关键在于底层 MOF 支架的动态特性以及功能配体的化学性质，这在某种程度上限制了该策略对 MOF NP 表面功能化的广泛适用性。

2.3.8.4　不饱和官能团用于功能分子的共价连接

有机接头的不饱和官能团可用于功能分子的共价连接。这种方法允许 MOFNP 外表面的选择性功能化而没有进一步的限制，因为功能组在框架内用于与金属离子的配位键合，并且不可寻址共价键合。预计接头的外部暴露羧基的存在，并通过在块状 MOF 材料上附着增强型绿色荧光蛋白（EGFP）来解决这些问题。

2.3.9　原位合成

原位合成法是一种最近发展起来制备复合材料的新方法。基本原理是不同元素或化合物之间在一定条件下发生化学反应，而在金属基体内生成一种或几种陶瓷相颗粒，以达到改善单一金属合金性能的目的。通过这种方法制备的复合材料，增强体是在金属基体内形核、自发长大，因此，增强体表面无污染，基体和增强体的相溶性良好，界面结合强度较高。同时，不像其他复合材料，省去了繁琐的增强体预处理工序，简化了制备工艺。

使用原位合成方法合成环氧纳米复合材料。使用不同的固化剂和固化条件来生成纳米复合材料和环氧预聚物对改性填料的溶胀作用。当使用双 (2-羟乙基) 甲基卤代牛脂铵改性的蒙脱土分散在双酚 A（BPA）二缩水甘油醚（DGEBA）中时层间距增加，基底间距的增加表明预聚物链嵌入了填料夹层中。而且在 90℃的温度下进行溶胀时，也出现了插层的间距程度增加的现象。在另一项研究中也观察到了类似现象，当填料用环氧预聚物溶液溶胀时，大多数改性阳离子不会导致填料片完全剥落。在较低的温度下，未实现填料的完全剥离，并且存在嵌入和未嵌入硅酸盐薄片的混合物。当温度升高时，衍射峰消失，表明在加热过程中填料分层、间距增加。著者还观察到固化剂性质对复合材料形态的显著影响。当以苄基二甲基亚砜用作固化剂时，得到了剥离的纳米复合材料。当使用二胺作为固化剂时，胺固化剂对硅酸盐层的桥接（以及因此的脱嵌）被认为是复合材料中产生插层形态的原因。另一个导致这种脱嵌的因素是填料表面存在过量的改性分子。这些分子还可以与固化剂或环氧聚合物反应，从而干扰填料和聚合物之间的界面。

使用气相原位聚合制备聚烯烃纳米复合材料技术也开始走向成熟。在该技术中，Zieler-Natta 或任何其他配位催化剂固定在层状硅酸盐的表面，其中催化剂的固定不是通过阳离子交换实现的，而是通过催化材料与最初固定在填料表面的 MAO 的静电相互作用实现的。生成的聚合物的分子量也可以通过添加链转移剂来控制。在没有链转移剂的情况下，聚合物的分子量由于太高而无法进一步进行，在添加氢气后便可以改善该缺陷。

2.3.10　bio-MOF

bio-MOF 是利用生物质和生物分子衍生物对 MOF 进行功能化，以提升 MOF 的孔隙率、结构和功能性优势，在检测、分子分离、防治水和电磁污染以及提高催化、储能效率等领域中拥有较大应用潜力。在 bio-MOF 中，生物质不仅可解决部分 MOF 聚集性差的问题，还可起到连接独立的 MOF 晶体的作用，具有显著提高 MOF 性能的作用[28]。

壳聚糖因具有较强生物降解性、水溶性和无毒性而被广泛用于环境修复领域，但其化学及机械稳定性较差，会在酸性溶液中完全溶解或在碱性溶液中形成凝胶。研究表明，污染物与 MOF/ 壳聚糖之间存在很强的相互作用，包括络合、氢键、范德华力和 π—π 相互作用。因此，将壳聚糖和 MOF 结合为 bio-MOF，不仅提高了配合物的稳定性，还赋予了 bio-MOF 优异的吸附性能。Zhao 等[29] 报道了添加壳聚糖 ZIF-8 具有更强的四环素吸附能力。在合成的 bio-MOF 中，ZIF-8 均匀分布在壳聚糖基质中，保证了 ZIF-8/ 壳聚糖良好的吸附能力。壳聚糖具有许多氨基和羟基，赋予了 ZIF-8 更多对四环素吸收的活性位点。结果表明，每克 ZIF-8/ 壳聚糖最多可吸收 495.04 mg 四环素；即使经过 10 次吸附 / 解吸循环，ZIF-8/ 壳聚糖对四环素的吸附效率仍可达到 90%，表明 ZIF-8/ 壳聚糖是一种绿色、可重复使用的生物吸附剂。

因此，与传统 MOF 相比以生物分子为配体的生物 MOF 具有更强的吸引力。生物分子具有多个配位点，可以与金属离子以多种配位方式进行结合配位，具有较高的结构可调性。其次，生物 MOF 具有特殊的手性，使其具有特异的识别功能、良好的生物相容性和无毒等功能特性，大幅拓宽了 bio-MOF 在生物学中的应用。总之，bio-MOF 是一种低成本且较丰富的可再生资源，合理、高效地将生物质和生物分子与 MOF 进行组合应用，符合绿色发展观以及可持续发展战略要求。

2.4 合成方法

2.4.1 水热溶剂热法

在温度为 100～1 000 ℃、压力为 1～1 000 MPa 的条件下，溶液中的各种物质经过化学反应，合成所需要的物质，再经过分离和热处理得到纳米粒子，是一种常用的无机材料的合成方法，在纳米材料的制备中具有广泛的应用。该方法的主要操作步骤是将反应原料配制成溶液在水热釜中封装并加热至一定的温度（数百摄氏度）。水热釜使该合成体系维持在一定的压力范围内，在这种非平衡态的合成体系内进行液相反应往往能够制备出具有特殊优良性质的材料。根据加热温度不同，可以分为亚临界水热合成法和超临界水热合成法。超临界水热合成法具有明显降低反应温度（通常在 100～200 ℃下进行），能够以单一反应步骤完成（不需要研磨和焙烧步骤），很好地控制产物的理想配比和结构形态，以及产物纯度高、分散性好、粒度易控制等优点。水热溶剂法得到的 MOF 的结晶性一般较高，且容易获得单晶。

2.4.2 微波辅助合成法

微波辅助合成法的原理是利用电磁能转化为热能，以促进反应的发生。在外加交变电磁场的作用下，反应物中的极性分子会发生极化，并随外加交变电磁场极性的变更而交变取向，如此众多的极性分子因频繁相互摩擦损耗，使电磁能转化为热能，使反应体系的温度迅速提高，从而使金属离子与有机配体键合[30]。微波辅助合成 MOF 的优势主要是：①能够通过监测反应温度和压强而精准控制反应条件；②微波加热可以促进晶体结晶成核，合成时间较短，可以缩短至几小时甚至几十分钟；③可以获得纳米尺寸的产物[6]。微波辅助合成法具有反应装置小、能耗低、反应速度快、产生的化学废弃物少等特点，且合成出的 MOF 纯度高、晶体尺寸可控，被认为是 MOF 的主要制备方法之一。

2.4.3 电化学法

电化学合成法需要在电解槽中进行，将阳极（纯金属）和阴极（碳棒或铂片）浸入溶有有机配体的酸性电解液中。在发生电化学反应时，金属阳极被氧化溶解，从而持续产生金属离子，并进入电解液中，随后与有机配体反应，会在阴极产生氢气[31]。电化学法采用了金属单质作为金属离子源，从而避免了阴离子（如硝酸根离子、硫酸根离子、氯离子等）的影响[6]。同时，电化学合成是一个连续的过程，产量、产率较高，因此，被认为是能够实现连续生产 MOF 材料的方法之一。另外，电化学法还是制备成纳米薄膜的主要方法之一。

2.4.4　超声化学法

超声化学法是指利用超声波的"空化作用"来合成 MOF 的方法。当高能超声波（20～10 000 kHz）辐射反应溶液时，其内部的气泡快速破裂，瞬间会产生高温高压（约为 5 000 K、100 MPa），从而促进化学反应，生成所需的 MOF[32]。超声空化十分有利于均匀形核，可大大缩短反应时间、减小晶粒尺寸。超声法能有效地分离纯相材料，短时间内生产均匀大小和形态的颗粒，适合于生产纳米级 MOF 材料[7]。超声化学合成法具有节能环保的优势，在室温下即可进行，但有时无法控制其合成温度[8]。

2.4.5　扩散法

扩散法是指溶液经过缓慢的蒸发/扩散使溶液达到过饱和，最终获得较大尺寸的单晶。其反应条件温和，但是耗时较长。扩散法包括液相扩散法、凝胶扩散法和气相扩散法等。液相扩散法是指将 2 种分别溶有金属盐和有机配体但互不相溶的溶剂混合后，金属离子和有机配体同时向溶剂界面处扩散，二者接触后生成相应的 MOF。凝胶扩散法是指首先将有机配体分散在凝胶基质中，然后将凝胶与金属离子溶液浸泡一段时间，金属离子逐渐向凝胶中扩散，并与分散其中的配体反应后，即可得到分布在凝胶中的MOF 晶体。气相扩散法是指将易挥发的有机配体溶液作为反应物，当配体随着溶剂挥发后与金属离子溶液接触，并充分反应后生成了 MOF。扩散合成法可用于温和反应条件下合成结构敏感型 MOF，但是其反应时间较长。

2.4.6　模板法

模板合成法运用不同的模板空间结构，经过一定的化学过程，在模板的有限空间上逐渐沉积、延伸、连接并最终合成纳米材料[33]。模板法根据不同模板自身的特点和限域能力的不同又分为硬模板和软模板两种。二者的共性都是能提供一个有限大小的反应空间，区别在于前者提供的是静态的孔道，物质只能从开口处进入孔道内部；而后者提供的是处于动态平衡的空腔，物质可以透过腔壁扩散进出。模板法通过前驱体的填充、包裹等，将模板的结构、形貌复制到产物中去，然后通过酸碱溶解、高温分解等去除模板，合成一维的纳米线、纳米管等。

2.4.7 原位聚合法

原位聚合法是化学法制备微胶囊的常用方法之一，是将可溶性单体通过聚合反应生成不溶性高分子聚合物，以此对芯材进行包覆[34]。原药存在于分散相中，可溶性单体和助剂在连续相中，此法可操作性强，原料容易获得，成本低廉，对原药的包封率高，适合大量生产。不足之处是制备过程中需要改变体系 pH，许多不耐酸碱的芯材无法使用此方法制备。原位聚合法的壁材多选用蜜胺树脂和脲醛树脂，这两种壁材易污染环境，残余的甲醛也会威胁人类健康，大大限制了原位聚合法的应用。

2.4.8 共沉淀法

共沉淀法（图 11）是将有机配体、金属元素与其他原材料在某溶剂中混合后，再在常温常压下连续搅拌一定时间，然后将沉淀物过滤，从而分离反应产物，并进一步干燥后获得 MOF 晶体的方法[35]。共沉淀法的优势在于过程较简单、条件温和，且制备出的 MOF 通常具有较高的化学稳定性和热稳定性。通过此方法合成的纳米晶体包括ZIF-8、Ag-MOF、MIL-53-Fe 等，ZIF-8 是粒径为 85 nm 的正六面体，Ag-MOF 是粒径为40 nm 左右的棒状晶体，MIL-53-Fe 是粒径为 50 nm 左右的正八面体。

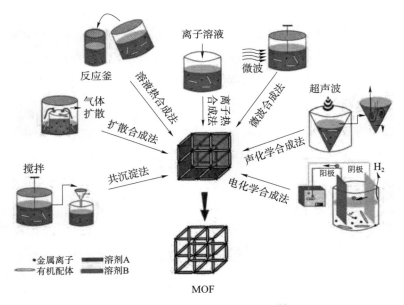

图 11　MOF 的不同合成方式 [35]

2.5 影响因素

2.5.1 客体分子

客体分子可直接填充到 MOF 的结构孔隙中，提供质子并构成氢键网络。常见的客体分子如 NH_4^+ 类客体分子、咪唑类客体分子等。MON 等[36] 报道 $(NH_4)_4[MnCr_2(ox)_6]\cdot 4H_2O$ 材料，为另一种含 NH_4^+ 的高质子导电性二维 MOF 材料。NH_4^+ 离子作为客体分子位于二维通道中，作为质子载体。与此同时，框架内的结晶吸收的水分子与 NH_4^+ 形成氢键网络，使其具有高质子传导性。在 295 K，88%RH 条件下质子电导率为 1.86×10^{-3} S/cm。

2.5.2 光

Du 等[37] 在模拟太阳光的照射下，测试了一系列 MG-x（MG-x，x=5%、10%、20%、30%，x 是混合体中 MIL-100（Fe）的质量分数）对 Cr(Ⅵ) 还原和双氯芬酸钠降解的光催化活性。不同的有机化合物（乙醇、柠檬酸）的影响不同的有机化合物（乙醇、柠檬酸、草酸和双氯芬酸钠）作为空穴清除剂和 pH 的影响值（2、3、4、6 和 8）对一系列 MG-x 异质结的光催化活动的影响。MG-20% 显示出比单独的 MG-x 异质结更高的光催化 Cr(Ⅵ) 还原和双氯芬酸钠降解性能优于单独的 MIL-100(Fe) 和 g-C_3N_4，因为改进了光诱导电子-空穴电荷的分离，这一点通过光致发光发射和电化学数据得到了验证。

2.5.3 温度

王丕涛等[38] 采用水热法合成了 MOF 材料 $[Zn_3(bpdc)_3(bpy)]\cdot 2DMF\cdot 4H_2O$(ZBB)，并以此为前驱体，通过炭化-活化法制备了多孔炭 ZBBC-T-A，研究了不同炭化温度，不同的炭碱比对多孔炭微观结构及电化学性能的影响，结果表明：多孔炭 ZBBC-800-1∶3 是以微孔、介孔为主，且最大比表面积达 2 294.6 m^2/g；以 6 mol/L KOH 为电解液，在电流密度为 1 A/g 时，其比电容为 304.8/Fg；电流密度从 1 A/g 增加到 10 A/g 时，电容损失率为 21.26%；在 1 A/g 的电流密度下，经过 5 000 次循环后，电容保持率为 95.85%。其能量密度为 8.06 Wh/kg。

2.5.4 pH 值

不同 pH 值对材料的结构和功能都有一定的影响。胡文明等[39] 以六水合氯化镍

$(NiCl_2 \cdot 6H_2O)$ 为金属盐，对苯二甲酸（BDL）为有机配体，通过改变溶剂的类型，采用一步溶剂热法在泡沫镍表面自生长高负载量的镍基 MOF 材料（Ni-MOF/NF）。溶剂对 PTA 的溶解性越好或 DH 值越高。PTA 在溶液中的去质子速率越快。材料的形核速率越快。自生长镍基 MOF 材料在不同溶剂体系下表现出球簇、片状和块体状 3 类形貌，同时负载量也随之改变。洪佳辉等[40] 将一种含金属钴的 MOF 材料作为自牺牲模板，利用简单热共聚法成功合成了含有 Co-Nx 构型的 CoNx/g-C_3N_4 催化剂。在固液比为 1.0 g/L、pH 值 5.0、可见光照射 45 min 下，制备的催化剂 [w(Co-MOF)：w(g-C_3N_4)=1：1] 对 50 mg/L 的 U(Ⅵ) 标准溶液还原率达到 100%。

2.6　MOF 衍生及复合材料

2.6.1　MOF/NPs

以前，金属离子（Co、Fe 等）和有机分子被用作促进剂，在均相催化中调节金属纳米颗粒（MNPs）的表面状态，实现碳的优先氢化基团。之后，随着催化剂的发展，不同类型的 MNP 被沉积在各种载体的表面或基质上，以利用强金属-载体相互作用（SMSI）、金属点或表面活性剂修饰来提高选择性。MOF 可以作为包裹 MNPs（MNP/MOF）的主体，这引起了相当大的关注，主要是因为这些催化剂共享 MOF 的性质和各种化学环境，并继承了 MNPs 的高活性。一方面，研究人员主要关注 MOF 在催化领域的物理环境（孔径或孔形状）的影响。通过聚合物表面活性剂改性策略，使各种预合成的 MNP 能够封装在各种 MOF 基质中（MNPs@MOF），推动了对具有分子筛性质的 MOF 通道的催化研究。在这种结构中，MOF 通道提供了空间效应，MNPs 作为活性位点，从而不仅在烯烃加氢反应中实现了良好的形状选择性，而且在双功能线性小分子的转化中也实现了优异的位点选择性。另一方面，具有丰富化学物质环境的 MOF（如各种金属-O或金属-N簇合物、有机配体）能够成为调节 MNPs 电子态的调节剂，这已成为催化剂设计的热点。

2.6.2　二维 MOF

MOF 纳米片作为一类新兴的二维纳米材料，由于其独特的特性，如许多暴露的活性位点、超薄的厚度和纳米尺度，引起了人们的广泛关注和深入研究。这些特性使 MOF 纳米片在催化、储能、传感、光收集和发射领域有着广泛的应用。Huang 等[41] 首先利用二维 MOF 作为主体基质，同时封装用于 SPWLE 的红-绿-蓝荧光染料。各种各样的 dyes@ 二维由二维 MOF 前体和染料以高产率直接组装出具有高质量 WLE 性能和超薄纳米片形态的 MOF 复合材料。由于二维 MOF 的灵活层间空间，可以很容易地引入不同类型和大小的访客，这大大扩展了可用 MOF 主机和访客的范围，使WLE 更加可调。采用二维 MOF 作为主体基质为 SPWLE 纳米片引入多组分染料的策略解决了 MOF 孔对客体分子尺寸的限制，为合理设计和制备具有高度溶液可加工性的 SPWLE 纳米片开辟了一条新途径。铁醌-MOF 的二维结构为构建柔性微波吸收体以及保形电子器件、可重构电子器件和传感器提供了一个平台。Wei 等[42] 用一种简单快速的微波溶剂热方法改进了实验，并成功合成了具有氧化还原活性的片状类醌铁MOF。通过调节反应温度，得到了不同形态的醌型铁 MOF。并对微波吸收性能的影响因素和机理进行了详细的研究。

2.6.3　三维 MOF

在候选有机配体中，吡唑羧酸配体在 MOF 结构的组装中具有优异的配位能力和灵活的配位模式。吡唑羧酸配体不仅可以作为氢键供体，还可以作为受体，使其拓扑结构具有多样性，因此，这类配体被广泛用于构建具有有趣拓扑结构和优异性能的MOF。Feng 等[43] 在溶剂热条件下合成了一种新型的基于镉（Ⅱ）的 MOF[Cd(μ-ppza)]n(1)[H2ppza=3-(pyridin-4-yl)-1H-pyrazole-5-carboxylicacid]。单晶 XRD 表明，MOF1 在具有 P-1 空间基团的三斜晶系中结晶，每个 Cd(Ⅱ) 与 5 个 (Hppza)2-离子配位，形成扭曲的八面体。配体中的羧基充当将 Cd(Ⅱ) 离子连接成三维结构的桥梁。MOF1 具有5-c{$4^6 \cdot 6^4$} 的拓扑结构。此外，MOF1 表现出良好的电化学发光（ECL）行为。

2.6.4　MOF/ 聚合物

混合基质膜（MMM）中填料和所选聚合物之间的强界面相互作用是获得高气体分离效率的关键因素。然而，仅通过将微米级 MOF 直接掺入聚合物基质中而无须改性来获得优异的填料 / 聚合物接触是具有挑战性的。Vu 等[44] 通过微米级的 ZIF-67 颗粒涂有 3 种不同的离子液体（IL）的薄层，并表征了吸附性能的变化。然后将涂覆的 ZIF-67 颗粒以不同的负载量掺入 6FDA-杜烯聚合物中，以制造用于气体分离的 MMM。发挥界面黏合剂的作用，所有 ILs 有效增强了聚合物 /ZIF 的粘附力，最大限度地减少了非选择性界面缺陷的形成，扫描电子显微镜（SEM）和聚焦离子束扫描电子显微镜（FIB-SEM）证明了这一点，导致 CO_2/N_2、CO_2/CH_4 和 C_3H_6/C_3H_8 选择性增加。ZIF-67/IL 的成功组合被提议作为克服 MMM 中界面问题的潜在方法，特别是在较大微米尺寸填料的应用中。MOF 有望成为质子交换膜（PEM）中的潜在成分。粉末形式的 MOF

缺乏柔韧性和可加工性，可以通过添加聚合物来克服这些问题。Kim 等[23]演示了具有相对较高的柔韧性和质子传导性的新型 MOF-聚合物复合膜。复合膜称为 Ni-BDC-PAN，是由 Ni-BDC 纳米片和聚丙烯腈（PAN）制成的，这赋予了晶体 MOF 出色的柔韧性和酸稳定性。将该 Ni-BDC-PAN 膜浸入磷酸溶液中，制得了一种新的质子传导膜 H_3PO_4@Ni-BDC-PAN，该膜表现出的质子传导率高达 1.05×10^{-2} S/cm 在 353 K 和 90% 相对湿度下。另外，为了更好地了解杂化膜中的质子传导机理，还研究了活化能。

参考文献

[1] CHO K, HAN S H, SUH M P. Copper–organic framework fabricated with CuS nanoparticles: synthesis, electrical conductivity, and electrocatalytic activities for oxygen reduction reaction[J]. Angewandte chemie international edition, 2016, 55 (49): 15301-15305.

[2] JIN S. How to effectively utilize MOF for electrocatalysis[J]. ACS Energy letters, 2019, 4: 1443-1445.

[3] JAHAN M, BAO Q, LOH K P. Electrocatalytically active graphene–porphyrin MOF composite for oxygen reduction reaction[J]. Journal of the american chemical society, 2012, 134: 6707-6713.

[4] ZHONG H X, LY K H, WANG M C, et al. A phthalocyanine-based layered two-dimensional conjugated metal–organic framework as a highly efficient electrocatalyst for the oxygen reduction reaction[J]. Angewandte chemie international edition, 2019, 58 (31): 10677-10682.

[5] HE X B, YIN F X, LI G R. A Co/metal–organic-framework bifunctional electrocatalyst: the effect of the surface cobalt oxidation state on oxygen evolution/reduction reactions in an alkaline electrolyte[J]. International journal of hydrogen energy, 2015, 40 (31): 9713-9722.

[6] BHADRA B N, AHMED I, LEE H J, et al. Metal–organic frameworks bearing free carboxylic acids: preparation, modification, and applications[J]. Coordination chemistry reviews, 2022, 450: 214237.

[7] HAMON L, SERRE C, DEVIC T, et al. Comparative study of hydrogen sulfide adsorption in the MIL-53(Al, Cr, Fe), MIL-47(V), MIL-100(Cr), and MIL-101(Cr) metal–organic frameworks at room temperature[J]. Journal of the american chemical society, 2009, 131

(25): 8775-8777.

[8] KARAGIARIDI O, VERMEULEN N A, KLET R C, et al. Functionalized defects through solvent-assisted linker exchange: synthesis, characterization, and partial postsynthesis elaboration of a metal–organic framework containing free carboxylic acid moieties[J]. Inorganic chemistry, 2015, 54 (4): 1785-1790.

[9] SPINELLO B J, STRONG Z H, ORTIZ E, et al. Intermolecular metal-catalyzed C–C coupling of unactivated alcohols or aldehydes for convergent ketone construction beyond premetalated reagents[J]. ACS Catalysis, 2023, 13 (16): 10976-10987.

[10] PAN Q, PING Y Y, KONG W Q. Nickel-catalyzed ligand-controlled selective reductive cyclization/cross-couplings[J]. Accounts of chemical research, 2023, 56 (5): 515-535.

[11] CAI Y Y, ZENG H, ZHU C L, et al. Double allylic defluorinative alkylation of 1,1-bisnucleophiles with (trifluoromethyl) alkenes: construction of all-carbon quaternary centers[J]. Organic chemistry frontiers, 2020, 7 (10): 1260-1265.

[12] KUMAR V, RANA A, MEENA C L, et al. Electrophilic activation of carboxylic anhydrides for nucleophilic acylation reactions[J]. Synthesis, 2018, 50 (19): 3902-3910.

[13] PORCEL I. Biaryl Coupling of aryldiazonium salts and arylboronic acids catalysed by gold[J]. Synthesis, 2022, 54 (22): 5077-5088.

[14] RYGUS J P G, CRUDDEN C M. Enantiospecific and iterative suzuki-miyaura cross-couplings[J]. Journal of the american chemical society, 2017, 139 (50): 18124-18137.

[15] XUE Y S, CHEN Z L, DONG Y Z, et al. Two lanthanide metal–organic frameworks based on semi-rigid T-shaped tricarboxylate ligand: syntheses, structures, and properties[J]. Polymers, 2019, 11 (5): 868.

[16] MATSUMOTO K, SUGIYAMA H. Organometallic-like C–H bond activation and C–S bond formation on the disulfide bridge in the RuSSRu core complexes[J]. Accounts of chemical research, 2002, 35 (11): 915-926.

[17] DING X, ZHANG X, GAO K, et al. Conversion rules of sulfur compounds in iron chelate desulfurization system[J]. Energy sources part a: recovery, utilization, and environmental effects, 2023, 45 (2): 5159-5172.

[18] KUMAR S, MANDAL A. Thermodynamics of micellization, interfacial behavior and wettability alteration of aqueous solution of nonionic surfactants[J]. Tenside surfactants detergents, 2017, 54 (5): 427-436.

[19] SUN X M, WANG Q J, YANG X Y, et al. Effects of polymer, surfactant and solid particle

on the stability of wastewater produced from surfactant/polymer flooding[J]. Colloids and surfaces a: physicochemical and engineering aspects, 2024, 698: 134419.

[20] GOTOH K, SHOHBUKE E, KOBAYASHI Y, et al. Wettability control of PET surface by plasma-induced polymer film deposition and plasma/UV oxidation in ambient air[J]. Colloids and surfaces a: physicochemical and engineering aspects, 2018, 556: 1-10.

[21] OYEKANMI A A, SAHARUDIN N I, HAZWAN C M, et al. Improved hydrophobicity of macroalgae biopolymer film incorporated with kenaf derived CNF using silane coupling agent[J]. Molecules, 2021, 26 (8): 2254.

[22] ZHANG J F, XU X R, CHEN J N, et al. Covalent attachment of polymer thin layers to self-assembled monolayers on gold surface by graft polymerization[J]. Thin solid films, 2002, 413 (1-2): 76-84.

[23] KIM H, LEE J E, JO S M, et al. Universal large-scale and solvent-free surface modification of inorganic particles via facile mechanical grinding[J]. ACS Sustainable chemistry & engineering, 2022, 10 (30): 9679-9686.

[24] WANG S D, CHEN T W. Texturization of diamond-wire-sawn multicrystalline silicon wafer using Cu, Ag, or Ag/Cu as a metal catalyst[J]. Applied surface science, 2018, 444: 530-541.

[25] HU Y L, DAI L M, LIU D H, et al. Progress & prospect of metal–organic frameworks (MOFs) for enzyme immobilization (enzyme/MOFs)[J]. Renewable & sustainable energy reviews, 2018, 91: 793-801.

[26] HASEGAWA S, NAKAMURA K, SOGA K, et al. Concerted hydrosilylation catalysis by silica-immobilized cyclic carbonates and surface silanols[J]. JACS Au, 2023, 3 (10): 2692-2697.

[27] LIANG Y, FENG L J, LIU X, et al. Enhanced selective adsorption of NSAIDs by covalent organic frameworks via functional group tuning[J]. Chemical engineering journal, 2021, 404: 127095.

[28] REZAEE T, FAZEL-ZARANDI R, KARIMI A, et al. Metal–organic frameworks for pharmaceutical and biomedical applications[J]. Journal of pharmaceutical and biomedical analysis, 2022, 221: 115026.

[29] ZHAO R, MA T T, ZHAO S, et al. Uniform and stable immobilization of metal–organic frameworks into chitosan matrix for enhanced tetracycline removal from water[J]. Chemical engineering journal, 2020, 382: 122893.

[30] ZHAO Z Y, LI H, ZHAO K, et al. Microwave-assisted synthesis of MOFs: rational design via numerical simulation[J]. Chemical engineering journal, 2022, 428: 131006.

[31] VARSHA M V, NAGESWARAN G. Review–direct electrochemical synthesis of metal organic frameworks[J]. Journal of the electrochemical society, 2020, 167 (15): 155527.

[32] VAITSIS C, SOURKOUNI G, ARGIRUSIS C. Metal organic frameworks (MOFs) and ultrasound: a review[J]. Ultrasonics sonochemistry, 2019, 52: 106-119.

[33] SALARI H, SADEGHINIA M. MOF-templated synthesis of nano $Ag_2O/ZnO/CuO$ heterostructure for photocatalysis[J]. Journal of photochemistry and photobiology a: chemistry, 2019, 376: 279-287.

[34] WANG L L, WEI S L, WANG X L, et al. Experimental investigation of optical anisotropy of polymethyl methacrylate aligned by metal–organic framework via in situ polymerization and direct chain-introduction[J]. Journal of applied polymer science, 2022, 139 (26): 52471.

[35] LI X P, WU Z S, TAO X Y, et al. Gentle one-step co-precipitation to synthesize bimetallic CoCu-MOF immobilized laccase for boosting enzyme stability and congo red removal[J]. Journal of hazardous materials, 2022, 438: 129525.

[36] MON M, VALLEJO J, PASÁN J, et al. A novel oxalate-based three-dimensional coordination polymer showing magnetic ordering and high proton conductivity[J]. Dalton transactions, 2017, 46 (43): 15130-15137.

[37] DU X D, YI X H, WANG P, et al. Enhanced photocatalytic Cr(VI) reduction and diclofenac sodium degradation under simulated sunlight irradiation over MIL-100(Fe)/g-C_3N_4 heterojunctions[J]. Chinese journal of catalysis, 2019, 40 (1): 70-79.

[38] 王丕涛, 武丽丽, 陈鑫国, 等. MOF 基多孔炭的制备及其在超级电容器中的应用 [J]. 兰州理工大学学报, 2022, 48 (5): 21-29.

[39] 胡文明, 马倩, 何勇强, 等. 自生长镍基 MOF 材料的结构调控及其电化学性能 [J]. 无机化学学报, 2020, 36 (3): 485-493.

[40] 洪佳辉, 马冉, 仵云超, 等. MOFs 自牺牲模板法制备 CoN_x/g-C_3N_4 纳米材料用作高效光催化还原 U(VI) [J]. 无机材料学报, 2022, 37 (7): 741-749.

[41] HUANG M Y, LIANG Z X, HUANG J L, et al. Introduction of multicomponent dyes into 2D MOFs: a strategy to fabricate white light-emitting MOF composite nanosheets [J]. ACS Applied materials & interfaces, 2023, 15 (8): 11131-11140.

[42] WEI H J, TIAN Y, CHEN Q, et al. Microwave absorption performance of 2D iron-

quinoid MOF [J]. Chemical engineering journal, 2021, 405: 126637.

[43] FENG C, HUA F Z, GUO J J, et al. Structural elucidation and electrochemiluminescence on a 3D cadmium(II) MOF with 5-c topology [J]. Journal of inorganic and organometallic polymers and materials, 2022, 32 (5): 1891-1895.

[44] VU M T, LIN R J, DIAO H, et al. Effect of ionic liquids (ILs) on MOF/polymer interfacial enhancement in mixed matrix membranes [J]. Journal of embrane science, 2019, 587: 117157.

第三章

功能化 MOF 的污染物识别原理与应用

3.1 识别原理

MOF 是由金属离子与有机配体自组装形成的多孔材料。通常，基于 MOF 识别污染物可以通过以下机制进行。①配体带与分析物吸附的有效重叠。②配体和金属阳离子之间发生配体到金属的能量转移，或者分析物和 MOF 之间的弱相互作用（例如，氢键、π—π 堆积）。③根据软硬酸碱理论[1]，吡啶氮原子可以作为发光 MOF 中的结合位点。如前所述[2]，MOF 的发光特性对其结构特征、金属离子的配位环境、孔表面的性质及其通过配位键与客体物种的相互作用非常敏感，并取决于它们的结构特征、π—π 相互作用和氢键等，为开发发光传感 MOF 提供了坚实的理论基础。一些多孔发光 MOF 内的永久孔隙率使一些传感基质能够可逆地吸收和释放；因此，探索可逆发光感测 MOF 将是可行的，感测 MOF 是可以再生和重复利用的。用于选择性识别小分子 / 离子的可调孔径和用于与多孔发光 MOF 内的客体分子的差异相互作用的功能位点，如路易斯碱性 / 酸性位点和开放金属位点，而一些介孔发光 MOF 的介孔性质将使得对一些大分子（如生物活性物质）的传感成为可能。在过去的几年里，已经实现并报道了用于传感阳离子、阴离子、小分子、蒸汽和爆炸物的各种发光 MOF，特别是基于镧系元素的 MOF。

金属离子和配体可以作为潜在的发光中心，MOF 的孔道可以装载发光客体。丰富的金属离子和配体以及孔道结构，为发展单一 MOF 的多色发光提供了极大便利。通过设计配体和金属离子可以对其发光性能进行有效的调控，在发光性能上具有传统发光材料不可比拟的优点。基于 MOF 的发光则可以实现污染物的识别。

发光是描述吸收能量电子从激发态向基态跃迁的辐射过程。根据弛豫过程中自旋多重态，发光可以分为荧光和磷光两种形式。从基态到单重激发态的跃迁后，分子通过辐射方式返回至基态时所发出的光称为荧光，且这个过程时间较短。而磷光是指三重激发态和基态之间发生辐射跃迁所产生的光，并且这个过程持续一微秒到几秒。

3.1.1 配体发光

有机配体是 MOF 材料必不可少的一个部分，对于 MOF 的发光可以是来自配体部分，如图 12 所示，为 MOF 发光的简单过程。通常情况下，有机荧光配体自身发光与其在溶剂中的辐射过程是相似的，跃迁的过程是第一激发态到基态，且这样的跃迁过程对应的是 π* 到 π 或 π* 到 n 的过程。然而，固态 MOF 中的有机配体的发光特点与自由的有机配体的发光特点是不同的，由于在 MOF 结构中，有机配体的稳定性抑制了非辐射跃迁过程，这导致了荧光强度和荧光量子产率的提高。在固体 MOF 中，有机配体分子之间相互靠拢，有机配体之间可以通过 π—共轭系统或其他电子给受体相互作用实现电荷的迁移过程，使其光谱发生变化。此外，金属离子的性质，配体的大小、排列方式，对于这些因素调控 MOF 的发光性质和应用非常重要 [3]。

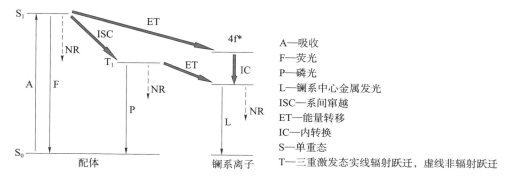

图 12　MOF 能量吸收、转移、发射过程

MOF $Zn_3(μ_5\text{-}pta)_2(μ_2\text{-}H_2O)_2$（pta=2,4,6-吡啶三羧酸盐）[4] 在室温状态下以 338 nm 激发时，观察到强发光，最长集中在约 467 nm，自由配体分子表现出 415 nm 的微弱发光。该 MOF 中有机连接体的荧光增强和红移归因于框架结构的形成，这使芳香主链的刚性得以实现，并使有机连接体之间的分子内 / 分子间相互作用最大化以进行能量转移，并降低了配体内 HOMO-LUMO 能隙。

据报道，在 MOF $Zn_3(BTC)_2(DMF)_3(H_2O)_3[DMF(H_2O)]$ 和 $Cd_4(BTC)_3(DMC)_2(H_2O)_2 \cdot 6H_2O$（BTC=1,3,5-均苯三甲酸）[5] 中存在配位扰动的配体中心发光。当在 334 nm 激发时，自由 BTC 在 370 nm 处的最强发射，归因于 $π^* \to n$ 跃迁，当在 341 nm 和 319 nm 激发时分别转移到 410 nm 和 405 nm。

结果表明，不同的局部配体环境可以改变 MOF 的发光性能。二维 MOF $Zn_3L_3(DMF)_2$ 和三维 MOF $Zn_4OL_3(DMF)_2(CHCl_3)$（H_2L=trans-4,4′-二苯乙烯二甲酸）在紫外光下表现独特的光学特性。二维 MOF 显示蓝色发光，而三维 MOF 显示紫色 / 蓝色发光，显然是因为他们在这两种 MOF 中的配体环境不同。

有机配体的荧光也可能受到激发态中发生的电子分布的可逆变化的影响。两个重要的过程是激发态电子转移（ESET）和质子转移（ESPT）。在 ESET 过程中，在激发时，处于激发态的电子从富电子供体行进到电子受体，而在 ESPT 中，处于激发状态的质子以不同于基态的速率离开或加入分子。与荧光发射相比，ESPT 是一个快速的过程，分子内质子转移比分子间质子转移快。Jayaramulu 等 [6] 在游离的 H_2DHT 有机连接体和由此产生的 MOF $Mg(DHT)(DMF)_2$（DHT=2,5-二羟基对苯二甲酸酯）中观察到有机连接体的激发态分子内质子移动（ESIPT）诱导的发光变化硬度，具有4个pH依赖性的可提取质子，可用于产生稳定和刚性的高维MOF。H_2DHT在不同溶剂中在约360 nm的紫外区域显示出吸收带。当游离H_2DHT溶解在不同的溶剂中时，观察到显著的发射变化。游离H_2DHT在极性溶剂DMSO和DMF中在510 nm处显示绿色发射，而在质子溶剂，如乙醇中在440 nm附近显示高能蓝色发射，这归因于这种独特的有机连接体的酮和烯醇形式。由于ESIPT诱导的有机连接体DHT的荧光变化，MOF-Mg(DHT)(DMF)$_2$也表现出从蓝色到黄色的可调谐发射，这取决于溶剂。该MOF在乙醇中在404 nm和429 nm处呈现蓝色发射，在DMSO中在508 nm处呈现显著红移的绿色发射，在H_2O中在532 nm处呈现进一步红移的发射。Mg(DHT)(DMF)$_2$的配体中心发光在加入三氟乙酸（TFA）后发生蓝移，其中TFA通过与有机连接体DHT形成分子间氢键来阻断ESIPT过程。有趣且重要的是，在MOF Mg(DHT)(G)$_x$（G= 客体分子）的固态中也观察到了ESIPT诱导的荧光变化。3种MOF的粉末Mg(DHT)(TFA)$_x$、Mg(DH)(DMSO)$_x$和Mg(DHT)(H$_2$O)$_x$分别显示蓝色（λ_{max}=454 nm）、绿色（λ_{max}=883 nm）和黄色（λ_{max}=535 nm）发射。

3.1.2 金属中心（稀土金属）发光

发光MOF可以分为4类：镧系MOF、过渡金属基MOF、杂MOF以及主族MOF[7]。

镧系离子（Ln^{3+}）的特征是4f轨道从$4f^0$（La^{3+}）逐渐填充到$4f^{14}$（Lu^{3+}）。这些电子$[Xe]4f^n$配置（n=0～14）产生各种电子能级[8]，产生复杂的光学特性。由于填充的$5s^25p^6$子壳层对4f轨道的屏蔽，这种电子能级是明确的，并且它们对镧系元素离子周围的化学环境不太敏感。因此，每个镧系元素离子都表现出窄的特征4f-4f过渡。除La^{3+}和Lu^{3+}外，所有Ln^{3+}离子都能产生发光f-f从紫外线到可见光和近红外（NIR）范围的发射。Eu^{3+}、Tb^{3+}、Sm^{3+}、和Tm^{3+}分别发射红光、绿光、橙色和蓝光，而Yb^{3+}、Nd^{3+}和Er^{3+}显示众所周知的近红外发光。

镧系离子由于禁用的f-f跃迁，使金属的直接激发非常低效，除非使用高功率激光激发。这个问题可以通过耦合参与能量转移过程的物种来克服，称为发光敏化或天线效应[9]。MOF中天线敏化的机制由3个步骤组成：光被镧系离子周围的有机配体吸收，能量从有机配位体转移到镧系离子，然后由镧系元素离子产生发光。主要的能量迁移路径之一是以配体为中心的吸收，然后是系统间交叉$S_1 \rightarrow T_1$、$T_1 \rightarrow Ln^{3+}$转移和以金属为中心的发射。这种现象可以使用Jablonsky的图表来建模。另一个可能的路径是从激发的单线态S_1直接转移能量。对于Eu^{3+}和Tb^{3+}，由于有机配体向镧系离子的能量转移，没有观察到配体的荧光和磷光。如果这种能量转移不是很有效，则可以观察到剩余的配体荧光和镧系元素中心的发光。

此外，配体-金属电荷转移（LMCT）、金属-配体电荷转移（MLCT）和 4f-5d 跃迁也可以将能量集中到镧系元素离子上。对于可以容易地还原为二价离子的三价镧系离子，如 Sm^{3+}、Eu^{3+} 和 Yb^{3+}，当 LMCT 态处于足够高的能量时，激发能可以从 LMCT 态转移到镧系离子的 4f 能级。通常，能量以比发射能级更高的能量转移到 Ln^{3+} 能级上；否则，会发生反向能量转移，导致发光性能较差。对众多能量转移过程的详细研究对于调整镧系 MOF[10] 的发光性能非常重要。

MOF 的有效镧系元素中心发光是通过使用天线有机连接体来实现的；有机连接体的最低三重态必须位于几乎等于或高于镧系离子的共振能级的能级。必须对三重态的能量进行精心调整，以使转移最大化并使反向转移最小化。因此，选择或设计具有适当能级的适当有机连接体以靶向发光 MOF 具有重要意义。

为了说明有机连接体的敏化效应，我们在这里展示了这种发光镧系 MOF 的 2 个代表性例子。第一个例子是含有 4,4′-二磺基-2,2′-联吡啶-N,N′-二氧化物的镧系元素（Sm^{3+}、Eu^{3+}、Gd^{3+}、Tb^{3+}、Dy^{3+}）MOF。有机连接体的三重态能级被确定为 24 038 cm^{-1}。因此，有机连接体能够敏化三价离子 Sm^{3+}、Eu^{3+}、Tb^{3+}、Dy^{3+}，其中在 Eu^{3+} 和 Tb^{3+} MOF 中观察到强发射。在第二个例子中，硫苯基衍生的羧酸被引入作为有效的敏化发色团和多羧酸连接体，以构建镧系金属 MOF。由于 S 原子的大半径，其孤对电子可以容易地在杂环内离域，因此，这种有机连接体表现出非常好的电荷转移能力。结果表明，Eu^{3+} 和 Tb^{3+} MOF 在典型的可见光区域表现出强烈的发光，Yb^{3+} MOF 发出中等特征的近红外发光。

在 MOF[$Eu_2(H_2C_2O_4)_3(H_2O)_2$]·4,4′-联吡啶中也观察到了客体分子诱导的天线效应[11]，其中客体分子 4,4′-联吡啶被用作结构导向剂。当该 MOF 在 4,4′-联吡啶的最大吸收波长 236 nm 处被激发时，发射光谱分别在 595 nm 和 615 nm 处显示出两个特征峰，归因于 Eu^{3+} 的 $^5D_0 \rightarrow {}^7F_1$ 和 $^5D_0 \rightarrow {}^7F_2$ 跃迁。需要提及的是，起始化学物质 $Eu(NO_3)_3$ 在 236 nm 激发时不发出这种发光，这表明 4,4′-联吡啶的模板分子确实敏化了镧系金属中心的荧光。

在 MOF EuL(pic)$_3$ 和 [EuL(NO$_3$)$_3$]$_3$·1.5CHCl$_3$（L={1,1,1-三-[(2′-苄基氨甲酰基) 苯氧基] 甲基} 乙烷，pic= 苦味酸盐）中，通过辅助的第二有机配体苦味酸对 MOF 的发光财产实现了协同能量转移。两个 MOF 在 580 nm（$^5D_0 \rightarrow {}^7F_0$）、592 nm（$^5D_0 \rightarrow {}^7F_1$）、616 nm（$^5D_0 \rightarrow {}^7F_2$）、650 nm（$^5D_0 \rightarrow {}^7F_3$）和 693 nm（$^5D_0 \rightarrow {}^7F_4$）；然而，EuL（pic）$_3$ 中 616 nm 处的 $^5D_0 \rightarrow {}^7F_2$ 跃迁的发射强度大约是 [EuL(NO$_3$)$_3$]$_3$·1.5CHCl$_3$ 中的发射强度的 6 倍[12]。

这是因为这种第二辅助配体苦味酸的掺入导致从有机连接体 Lt 到 Eu^{3+} 的协同能

量转移。配体三重态和 Eu^{3+} 激发态之间的能隙（7 733 cm^{-1}）太大；[EuL(NO$_3$)$_3$]$_3$·1.5CHCl$_3$ 中的有机连接体 L 不能有效地敏化 Eu^{3+} 发光。两种可能的协同能量转移可能导致 EuL(pic)$_3$ 中这种显著增强的发光强度：①从有机连接体 L 的 S$_1$ 激发态到苦味酸的 S$_1$ 激发状态的能量转移；从苦味酸的 S$_1$ 激发态到 T$_1$ 激发态；以及从苦味酸的 T$_1$ 激发态到 Eu^{3+} 的发射能级；②能量从有机连接体 L 的 S$_1$ 激发态转移到 T$_1$ 激发态；然后从有机连接体 L 的 T$_1$ 激发态到苦味酸盐的 T$_1$ 激发状态；以及从苦味酸的 T$_1$ 激发态到 Eu^{3+} 的发射能级。

因此，第二辅助有机配体提供了额外的能量转移途径，以提高从有机连接体到镧系离子的能量转移效率。

发光量子产率是表征镧系元素发光的一个重要参数，定义为发射光子的数量除以吸收光子的数量之间的比率。对于发光的镧系元素 MOF，总的发光量子产率由敏化效率和镧系元素发光的本征量子产率决定。本征量子产率是镧系元素中心发光在直接激发到 4f 能级时的量子产率，它反映了镧系元素离子的内配位球和外配位球中发生的非辐射弛豫过程的程度，并取决于镧系元素的发射态和基态的最高亚能级之间的能隙[13]。这个间隙越小，通过结合配体的振动，非辐射跃迁过程越容易将其闭合，特别是通过那些具有高能量 O—H、N—H 和 C—H 振荡。已经做出了任何缓解这些非辐射弛豫的努力。例如，用低频 OD 振荡器（能量为 2 200 cm^{-1}）代替 OH 振荡器典型能量为 O—H、N—H 和 C—H 振动时，淬火效果可以减弱。例如，镧系元素离子 Eu^{3+}、Tb^{3+} 或 Nd^{3+} 用大环多胺配体包封，然后组装成几个刚性镧系元素 MOF。由于这些镧系元素的配位球被大环多酰胺配体完全占据，它们与小分子（如来自环境的水）的相互作用被阻断；因此，这些 MOF 在室温下在可见光和近红外区域都表现出有效的荧光发射。

具体地说，Ln^{3+} 离子从 f-f 跃迁可以分为两类：奇偶允许的磁偶极跃迁和奇偶禁止的电偶极跃迁。当 Ln^{3+} 离子被插入化学环境中时，非中心对称相互作用允许将相反宇称的电子态混合到 4f 波函数中；"禁止"和"允许"这两个术语的适用不能过于严格。电偶极跃迁部分被允许，其中一些跃迁的强度对金属离子环境的变化特别敏感，因此，这些跃迁通常被称为超灵敏跃迁。镧系离子的发光可以提供有关其局部环境的有价值信息，从而作为结构探针来破译它们在化学环境和配位球中的对称性。MOF 的镧系元素中心发射对配体的最低三重态水平也很敏感，这使我们能够通过控制配体和分析物之间的相互作用来调节它们的发光强度。这些相互作用可以通过改变结合配体的能量转移能力或为从分析物到镧系离子的能量转移提供新的途径来促进或破坏能量转移过程，从而使发光 MOF 成为各种分析探针的有用材料。

Eu^{3+} 离子的发光是一种合适的结构探针，可以确定不同的金属位点、它们的配位对称性，甚至水合数。特别是 $^5D_0 \rightarrow {}^7F_2$ 到 $^5D_0 \rightarrow {}^7F_1$ 跃迁的发射强度比对 Eu^{3+} 离子的配位对称性非常敏感，因为 $^5D_0 \rightarrow {}^7F_1$ 发射是由于磁偶极子并且与环境无关，而 $^5D_0 \rightarrow {}^7F_2$ 发射是由于电偶极子并且对晶体场对称性敏感。作为 MOF 中的结构探针的 Eu^{3+} 离子的发光的几个代表性例子如下。在合成的掺杂 Eu 的 $MOF[La_2(H_2O)_4]$ $\{[C_5H_3N(COO)_2]_2[C_6H_4(COO)_2]\}^{[14]}$ 中包含两个水分子，它们在三棱柱的一个面上彼此相邻，作为 La^{3+} 离子九配位的一部分。脱水产生七配位的 La^{3+} 离子，该离子的应变可能比九配位的 La^{3+} 位点小得多，导致 $^5D_0 \rightarrow {}^7F_2$ 跃迁的发射强度降低。

MOF $Eu_3(2,6\text{-pydc})_3(2,6\text{-Hpydc})(SO_4)(H_2O)_3 \cdot 3(H_2O)_3$ 在 P1 空间群中结晶，并具有基于六核的 [EUs]SBU 的二维 MOFx[15]。不对称单元由 3 个独立的 Eu^{3+} 离子组成、3 个 $pydc^{2-}$ 二胺离子、1 个 $Hpydc^-$ 阴离子、1 个硫酸盐、3 个配位的和 3 个客体水分子。$^5D_0\text{-}{}^7F_2$ 和 $^5D_0\text{-}{}^7F_1$ 跃迁的发射强度比约为 5.2。此外，在 579 nm 处观察到对称禁止发射 $^5D_0 \rightarrow {}^7F_0$。这些发光特征表明 Eu^{3+} 离子具有低对称配位环境。

3.1.3 客体诱导发光

由于高度规则的通道结构和可控的孔径，MOF 还可以用作客体发光物质（如镧系元素离子和荧光染料）的刚性 / 柔性主体。An 等通过阳离子交换过程从合成的生物-MOF-1 中制备了一系列镧系离子掺杂的 MOF Ln^{3+}@bio-MOF-1（Ln^{3+}=Tb^{3+}、Sm^{3+}、Eu^{3+}、Yb^{3+}）。当在 365 nm 处激发时，掺杂的 MOF 发出其独特的颜色（Eu^{3+}，红色；Tb^{3+}，绿色；Sm^{3+}，橙粉色）[16]，这些颜色很容易用肉眼观察到。Tb^{3+}@bio-MOF-1、Sm^{3+}@bio-MOF-1、Eu^{3+}@bio-MOF-1 和 Yb^{3+}@bio-MOF-1 分别在 545 nm、640 nm、614 nm 和 970 nm 处表现出发射。需要提及的是，在所有这些镧系离子掺杂的 MOF 中，在 340 nm 处存在另一个主发射，这表明能量通过位于掺杂镧系离子的 MOF 发色结构中的相同电子能级迁移。

值得注意的是，尽管水分子具有很强的猝灭作用，但在水环境中甚至可以检测到镧系离子的特征发射，这表明生物 MOF-1 支架不仅可以有效地敏化镧系离子，而且可以充分保护镧系离子。此外，镧系元素发射的量子产率在水性环境中都相当高，这表明镧系元素离子在孔隙中得到了很好的保护，并且从 MOF 到镧系元素的能量转移是有效的。Luo 等 [17] 制备了 Eu^{3+} 和 Tb^{3+} 掺杂的 MOF，其具有发光调制和金属离子传感功能。经典荧光染料 Rh6G 被封装在大孔 MOF 中，显示出温度依赖的发光特性 [18]。在其他示例中，荧光染料 RhB 和荧光蛋白修饰在 MOF 表面以显示其荧光特性。客体诱导发光使一些发光 MOF 材料适合于分子检测和环境探测。

3.1.4　电荷转移发光

从电荷转移激发态到基态的允许转变产生电荷转移发光。LMCT 和 MLCT 是 MOF 中常见的典型电荷转移。LMCT 涉及从有机连接子定域轨道到金属中心轨道的电子跃迁，而 MLCT 对应于从金属中心轨道到有机连接子局域轨道的电子转变。在 d^{10} 金属基 MOF 中经常观察到电荷转移发光。例如，MOF $Cu_3(C_7H_2NO_5)_2 \cdot 3H_2O$（$C_7H_2NO_5$=4-羟基吡啶-2,6-二羧酸盐）在 333 nm 激发时在 398 nm 和 478 nm 处显示蓝色荧光，而 $CuAg_2(C_7H_3NO_5)$ 和游离有机连接体 4-羟基吡啶-2,6-二羧酸在 358 nm 和 365 nm 激发时分别在 515 nm 和 526 nm 处显示绿色荧光[19]，MOF $Cu_3(C_7H_2NO_5)_2 \cdot 3H_2O$ 显示出 59 nm 和 48 nm 的两个大蓝移，而 $CuAg_2(C_7H_3NO_5)_2$ 中显示出 11 nm 的一个小蓝移，这表明 $Cu_3(C_7H_2NO_5)_2 \cdot 3H_2O$ 来源于 MLCT。计算的能带结构确实表明，MOF $Cu_3(C_7H_2NO_5)_2 \cdot 3H_2O$ 的发光归因于从 Cu-3d 到 O-2p 和 N-2p 轨道的 MLCT，而 $CuAg_2(C_7H_3NO_5)_2$ 的发光来源于有机连接体的 π—π* 跃迁。

在五配位的 Mn MOF Mn(Hbidc)（H_3bidc=1H-苯并咪唑-5,6-二羧酸）中发现了 MLCT 发光[20]。该 MOF 在 625～850 nm。Mn-(Hbidc) 中最强的发射位于 726 nm 处，这与游离有机连接体 H_3bidc 中 440 nm 处的原始发射显著红移。Mn(Hbidc) 的强发射归因于 MLCT 发光，其中 $Hbidc^{2-}$ 内苯并咪唑环的相对大的 π—共轭体系已经强制了从 Mn^{2+} 离子到有机连接体的电荷转移。

在一些 MOF 中已经报道了源自 LMCT 的发光。由于配体到金属的电荷转移，MOF[Zn(2,3-pydc)(bpp)] $\cdot$ 2.5H₂O 和 [Cd(2,3-pydc)(bpp)(H₂O)] $\cdot$ 3H₂O。同手性 Cd MOF $Cd_3(dtba)_3(bpp)_3$[H_2dtba=2,2′-二硫代二苯甲酸，bpp=1,3-双(4-吡啶基)丙烷] 表现出温度依赖性发光。当在 355 nm 激发时，$Cd_3(dtba)_3(bpp)_3$ 在 434 nm 的室温蓝色发射和在 482 nm 的肩峰归因于 dtba 或 bpp 的金属扰动配体内发射，而在约 507 nm 的 10 K 处的发射源于 LMCT。

基于 N-杂环有机连接体 $Cu_5(SCN)_5(3-Abpt)_2$[3-Abpt=4-胺-3,5-双(3-吡啶基)-1,2,4-三唑] 和游离的 Cu(SCN)(3-Abpt) 配体含有吡啶基，并且三唑共轭基团在 388 nm 处显示窄发射，并且以 441 nm 为中心显示宽肩发射。类似地，$Cu_2(SCN)_2(4-PyHBIm)$[4-PyHBIm=2-(4-吡啶基) 苯并咪唑] 和 $Cu_2(SCN)_2$[3-PyHBIm=-2-(3-吡啶基) 苯并咪唑] 也显示 LMCT 发光。

有时，LMCT 或 MLCT 发光可能与基于配体的发光竞争，从而产生 LMCT/MLCT 和基于配体的发射带。例如，在室温下在 320 nm 处激发的 Zn-MOF $Zn_2(ATA) \cdot (ATA)_{2/2}$（ATA=2,4,6-三氨基-1,3,5-三嗪）在 485 nm 处产生可归属于 LMCT 或 MLCT 发的弱蓝色光，并且在 392 nm 处产生源自基于配体的发射的强发射[21]。

3.1.5　分子扩散

功能化 MOF 材料已被广泛应用于污染物的识别和吸附。其中，分子扩散是实现这一目标的关键机制之一。分子扩散是指分子从高浓度区域沿着浓度梯度向低浓度区域传输的过程。在功能化 MOF 中，由于 MOF 具有高度可调的孔隙结构和表面性质，分子扩散可以通过调整孔隙大小和表面化学基团来实现对污染物的选择性识别。

具体来说，功能化 MOF 的孔隙大小可以通过结构设计和合成控制来实现，使其可以选择性地限制不同分子的扩散。例如，如果孔隙大小与待吸附分子的分子尺寸相似，则可实现高选择性吸附；如果孔隙大小大于待吸附分子的分子尺寸，则可实现快速扩散。Luo 等[22]制备了具有不同介孔尺寸的多级孔 UiO-66-NH$_2$ 干凝胶对活性红 1955（RR195）染料进行吸附，利用了分子扩散的原理，使污染物浓度随着吸附剂用量的增加而降低。

此外，表面化学基团的引入也可以显著影响分子扩散的选择性。例如，引入与待吸附分子相互作用的化学基团，如羟基、羧基和氨基等，可以增强 MOF 对这些污染物的吸附选择性。Ma 等[23]在 PIM-PMDA-OH 中引入二维 MOF[Zn$_2$(bim)$_4$] 纳米片，通过简单地将二维 MOF 纳米片胶体悬浮液与聚合物溶液混合来增加微结构自由体积。MOF 纳米片填料由于在胶体悬浮液中分散均匀，与聚合物基体相容性良好，由于二维 MOF 纳米片具有良好的分子筛性能和化学稳定性，所制备的 MMMs 显著提高了 CO$_2$ 的扩散渗透性、选择性和操作稳定性，有效地提高了 CO$_2$ 的分离性能。总之，通过调整功能化 MOF 的孔隙大小和表面化学基团，可以实现对不同污染物的选择性识别和吸附，这为污染物的高效去除提供了重要的理论和实践基础。

3.1.6　范德华力

在功能化 MOF 的污染物识别中，范德华力原理是一个重要的原理。范德华力是一种介于原子或分子之间的弱相互作用力，这种力是由于分子间诸如偶极子、瞬时偶极子、氢键等相互作用而产生的，它们的存在使许多物质具有较强的黏附性和凝聚性。在功能化 MOF 中，通过引入有选择性的配体，范德华力作用可以被用于污染物的特异性识别和分离。范德华力作用的基本形式是分子间的静电相互作用和诱导偶极相互作用，其中后者是由于分子内的电子分布在相互作用下发生变化所引起的。在功能化 MOF 中，范德华力作用的强度可以通过调整框架和配体的化学结构来调节。例如，引入具有亲合性的官能团可以增强框架与污染物之间的相互作用，从而提高其对特定污染物的识别能力。Martins 等 [24] 制备了 IRMOF-1、IRMOF-8、IRMOF-10 和 IRMOF-16 用于吸附草甘膦、莠去津、乙酰甲胺磷和滴滴涕农药，发现吸附所有农药都利用了范德华力的相互作用。因此，范德华力是功能化 MOF 的污染物识别中至关重要的因素，其作用机制涉及配位作用和表面相互作用。通过深入理解这些机制，我们可以更好地设计和合成功能化 MOF，实现高效、特异性的污染物分离和识别，有望在环境治理和工业生产等领域发挥重要作用。

3.1.7 配位作用

配位作用是功能化 MOF 污染物识别的另一种重要原理。配位作用指配位原子的孤对电子进入金属离子的空轨道，从而形成配位键，即两个或多个分子或离子之间由于电荷和空间的相互吸引而形成的化学键。因为配位体中的配位原子的价电子层具有弧电子对，中心离子或原子的价电子层具有可接受弧电子对的空轨道，所以增大配位体浓度，降低反应温度，有利于形成高配位数的配合物。配位作用是功能化 MOF 实现污染物识别的基础。在功能化 MOF 中，配位作用是指 MOF 中金属离子与污染物分子之间的相互作用这种相互作用的强度取决于金属离子的性质、配体的结构和污染物的特性。

在 MOF 中，金属离子与有机配体之间的配位作用可以影响 MOF 的孔隙大小、结构和孔道形状等性质，从而影响其对污染物的识别和吸附能力。例如，可以通过选择具有不同配体的 MOF，或者通过控制金属离子与配体之间的配位数和配位模式，来实现对不同污染物的选择性识别和吸附。Dong 等 [25] 由 MOF 前驱体通过两步后改性方法制成多面体基氢键框架（P-HOF-1），对一价 Cs^+、二价 Sr^{2+}、三价 Eu^{3+} 和四价 Th^{4+} 离子具有高吸收能力，通过 XRD 和密度泛函理论（DFT）计算揭示的这种通过配位筛效应（CSE）直接分离的机理是由于 P-HOF-1 中的球配位阱可以精确地容纳 Cs^+、Sr^{2+}、Eu^{3+} 和 Th^{4+} 的球配位离子。总之，配位作用是功能化 MOF 中污染物识别的重要原理之一。通过合理选择配体和金属离子，可以实现对各种污染物的高选择性和高灵敏度识别。

3.1.8 化学键联

化学键联也是功能化 MOF 对污染物进行选择性识别和捕获的关键机制。这一原理基于在 MOF 的孔隙结构中嵌入功能性官能团，以实现与污染物分子间的特异性化学相互作用，从而实现对污染物的高效识别和捕获。这种化学键联通常是由共价键、氢键、金属配位键、离子键等相互作用力所引起的。

共价键联是一种常见的化学键联方式，它基于两种化学物质之间的共用电子对，将它们牢固地连接在一起。MOF 材料中常用的官能团有酰胺、醛、酮、羧酸等。这些官能团可以与氨基、羟基、酮基等发生共价键联，从而实现对污染物的选择性识别和捕获。Cai 等 [26] 以 NH$_2$-MIL-101(Fe) 为核心，与介孔共价有机框架 (COFs)NUTCOF-1(NTU) 的壳层通过共价连接过程生成复合材料 NH$_2$-MIL-101(Fe)@NTU，其在苯乙烯氧化过程中表现出显著增强的催化转化率和选择性。

氢键联是一种通过氢键相互作用来实现化学键联的方式。在 MOF 材料中，通常通过引入含有氧、氮、硫等原子的官能团，与污染物中的羟基、胺基、硫醇基等发生氢键相互作用。这种氢键联可以使得 MOF 材料对污染物具有高度的选择性和灵敏性。Yuan 等 [27] 采用直写墨水法制备了分级多孔纤维素 / 海藻酸盐整体水凝胶（CAH）作为高效去除亚甲基蓝的吸附剂，研究表明了 CAH 对亚甲基蓝的吸附由氢键作用主导。

金属配位键联是指通过 MOF 材料中金属离子与污染物中的官能基团之间的配位作用，从而实现对污染物的选择性捕获和识别。这种金属配位键联可以通过调节金属离子的种类和配体的结构，来实现对不同污染物的高效捕获和分离。Dong 等 [28] 研究了硫代葡萄糖酸钠（STG）在铜砷分离浮选中对毒砂的抑制机理，结果表明 STG 通过其—SH 基团与毒砂表面的 Fe 和 As 位点发生化学键联，并通过其分子顶部的—COO—基团与水分子形成氢键。

离子键联是一种利用静电力相互作用来实现化学键联的方式。MOF 材料中通常通过引入具有正负电荷的官能团，如季铵盐、磺酸基等，与污染物中的阴离子或阳离子发生静电键联反应，从而实现对污染物的高效识别和捕获。Wang 等 [29] 通过引入羟基 / 氨基活性位点，一步开发出一种从水中选择性去除 Cr(Ⅵ) 和 Pb(Ⅱ) 的新型吸附剂 MOF-DFSA，研究发现其对 Cr(Ⅵ) 和 Pb(Ⅱ) 的吸附机理均有静电作用参与。

除了单一化学键联外，还可以通过多种化学键联的组合来实现更加高效的污染物识别和捕获。例如，可以利用多个不同官能团之间形成的多种化学键，形成多重化学键联，以增加对污染物的选择性和捕获效率。Jawad 等 [30] 设计了一种新型壳聚糖接枝-苯甲醛 / 蒙脱土 / 藻类 (CHS-BZ/MT/AL) 杂化多功能生物复合材料，并将其应用于高效去除水体中的亮绿 (BG) 和活性蓝 19(RB19) 染料，在 CHS-BZ/MT/AL 的表征中，研究发现高绿和活性蓝染料的吸附机理主要包括静电力、π—π 堆积、n—π 堆积和氢键等几种相互作用。

综合来看，化学键联可以通过引入具有特定官能团的 MOF 材料、多种化学键联的组合等方式，可以实现对特定污染物的高效捕获和识别。

3.1.9 酸碱作用

MOF 材料是一种具有高度有序孔隙结构和可调控性的新型材料，可以通过改变其组成和结构来实现对特定污染物的高效识别和去除。其中，酸碱作用是 MOF 污染物识别的一种常见原理。酸碱作用是指 MOF 中金属中心和有机配体之间的电荷转移作用。当 MOF 中的金属中心具有亲电性时，它们会吸引周围环境中的负离子，形成弱酸性位点；反之，当金属中心具有亲电性时，它们会吸引周围环境中的正离子，形成弱碱性位点。这些位点可以与特定的污染物发生相互作用，实现对其的识别和去除。

Zareen 等[31] 引入基于六氨基苯金属有机框架（HAB-MOF）和 CNT 海绵的六氨基高性能杂化材料（MCNTs），用于选择性回收 Au(III) 和 Pd(II)，杂化框架中丰富的氨基基团的作用，与 Au(III) 和 Pd(II) 离子发展了几种类型的相互作用，如氢键、静电相互作用、酸碱亲和力和 π—π 内球络合。

此外，酸碱作用还可以影响 MOF 的表面电荷分布，从而影响其对污染物的吸附和解吸能力。通过调节 MOF 的酸碱性质，可以实现对不同污染物的高效识别和去除。Xiang 等[32] 将 Cu+ 和磷钨酸（PTA）引入到 Co-MOF 中，在温和条件下，通过后修饰法制备了 Co-MOF-Cu+/PTA，并将其用于吸附脱除模拟燃料中的二苯并噻吩（DBT），研究发现 Co2+ 和 PTA 主要是通过酸碱作用吸附 DBT。总之，酸碱作用是 MOF 污染物识别的一种重要原理，可以通过调节 MOF 的酸碱性质实现对不同污染物的高效选择性识别和去除。

3.2 识别性能

3.2.1 稳定性

MOF 分为微孔、介孔和大孔，由于配位"节点"的水解，大多数微孔和介孔金属有机框架（UMCM）在水中不稳定，其中包含金属离子和有机链接剂的配合物。然而，一些性能良好的介孔 MOF，特别是来自 MIL-100 和 MIL-101 家族的 MOF，在水中表现出高稳定性。MIL-101(Cr) 是一种稳定的介孔 MOF，由超四面体单元构成，由 3 个铬修饰体通过 BDC 配体连接而成。Low 等[33] 使用可变温度和湿度的高通量方法对 MIL-101(Cr) 在含氮蒸汽和水蒸气的稳定性进行了测试。研究表明，在 325℃、50% 相对湿度的蒸汽条件下，MIL101(Cr) 结构损失最严重。此外，由于 Cr(III) 位点的存在，MIL-101(Cr) 从其特有的绿色变为棕色，这是由化学分解导致的。Kusgens 等[34] 研究发现，MIL-101(Cr) 在 323 K/24 h 去离子水中的物理吸附性能和稳定性较好。Chen 等[35] 通过测量 ζ-电位来研究 MIL-101(Cr) 在可变 pH 条件下在水中的稳定性，以进一步探究有机染料在水中的吸附性能。MIL-101(Cr) 的 ζ-正电位随 pH 值的增加而增加，在 pH

值＞7 时略微下降。这表明 MIL-101(Cr) 在 pH 值 2～12 的水解稳定性。然而，当 pH 值＞12 时，ζ-电位的急剧下降及其负值表明 MIL-101(Cr) 发生了分解，互补 XRD 数据证实了这一点。

2014 年，Burtch 等[36] 制定了基于控制结构性质确定 MOF 稳定性机制的标准。热力学稳定的 MOF 的特征是在任何水负载下都不发生不可逆水解反应，在接触水蒸气和液态水时会保持稳定。金属团簇的惰性是 MOF 热动力学稳定性的主要特征，与金属-配体结合强度有关。

纳米晶体 MIL-100（Fe）的无氟胶体，称为纳米晶体 MOF 或 NMOF，即 NMOF MIL-100（Fe），已被发现在 37℃的液态水中稳定 3 d[37]。然而，NMOF MIL-100(Fe) 在 PBS 水溶液中，由于 Fe(Ⅲ) 与磷酸盐离子的相互作用，有 23%～27% 失去连接功能。以氯化铁和己三酸为原料，采用微波辅助水热法合成无氟 MIL-100(Fe)NMOF。在水中加入 MIL-100(Fe)NMOF 后，由于 BTC 连接剂脱质子，pH 降至 3.1，并发生团聚。MIL-100(Fe)NMOF 的后续处理为 0。M-KF 溶液在水中导致表面积增加 50%；负的 ζ-电位表明 F-阴离子与 Fe(Ⅲ) 配位。经 KF 处理的 MIL-100(Fe)NMOF 在模拟胃液（SGF）中形成稳定的单分散胶体（SGF；0.137 mol HCl，pH 值 1.2）和模拟肠液（SIF；pH 值 6.8 的 KH_2PO_4 和 NaOH 缓冲溶液），在 pH 值 1.2 的酸性介质中，MIL-100(Fe) 中的 Fe(Ⅲ) 和 BTC 浸出到溶液中。无氟 MIL-100(Fe) 悬浮在 22℃的去离子水中，由于 MOF 的水解，pH 值降至 2.9。这一发现强调了在研究 MOF 的水稳定性时控制 pH 值的重要性[38]。然后，在 pH 值 7 的条件下，通过加入氢氧化钠维持悬浮液中的中性条件，MIL-100(Fe) 的框架崩解，形成结晶不良的水合铁。此外，MIL-100(Fe) 的稳定性也通过在 100℃的水中回流来检验。回流后，XRD 谱图没有变化，而 BET 总表面积明显减少。XRD 证实了水解产物的存在，即 α-Fe_2O_3 纳米颗粒。

UiO-66 是迄今为止报道的最稳定的微孔 MOF 之一。该材料是通过在 DMF 中混合氯化锆（ZrCl_4）和 1,4-苯二甲酸酯（BDC）合成的。MOF 结构单元由 12 配位的锆氧簇组成，具有直径约 6 Å 的三角形孔隙。BDC 连接剂可以被各种各样的官能团取代，这些官能团影响 MOF 的吸附性能。由于引入亲水、给电子基团，与纯 UiO-66 相比，功能化 UiO-66 与水蒸气的相互作用增强。萘功能化材料的吸附能力比其他任何材料都要低，因为其庞大的亲水基团降低了孔隙体积。

3.2.2 发光性

具有不同寻常的光学特性的 MOF 为智能传感器的应用提供了广阔的前景[39]。Wong 等[40] 设计并合成了以黏液酸、TbCl_3 和三乙胺为前体的镧系-黏液酸 MOF，发现

MOF 对 CO_3^{2-} 阴离子具有识别能力，CO_3^{2-} 的加入使 MOF 的荧光增强。Zhu 等将 CDs（碳点）和 RhB 引入 MOF，构建了基于新型 RhB-CDs@1{1=[Cu$_2$L(OH-)]$_n$，L=1,3-双(4′-羧酸苄氧基) 苯甲酸} 复合材料的双发射荧光平台。RhB-CDs@1 探头对不同种类的抗生素有不同的反应，特别是对饮用水中喹诺酮类、四环素类和硝基呋喃类药物的快速识别。

三价镧系离子（Ln^{3+}）独特的发光特性，包括锐利的原子状发射光谱，在很大程度上与金属的配位环境无关，其寿命长，且在 Eu^{3+} 和 Tb^{3+} 存在的情况下达到几毫秒的数量级，使它们非常适合作为发光团，用于生物技术、电信号传感和照明领域的各种应用。尽管它们具有良好的性质，但 f-f 跃迁的拉波特性质使 Ln^{3+} 离子直接激发的发光效率极低。然而，这一缺点可以通过 Ln^{3+} 离子与充当天线的强吸收发色团的协调来解决，通过光诱导能量转移使金属基发射变得敏感。近年来，大量的研究工作都集中在开发基于温度引起的至少两个发射中心的光物理行为变化的镧系元素比例温度计，从而提供更可靠和准确的自参考信号，减少对实验条件的依赖。大多数基于测量不同温度下 Tb^{3+} 和 Eu^{3+} 中心发射强度之比的镧系发光温度计在文献报道，而涉及桥接配体或封装有机染料发射的研究相对较少。

羧基配体构建的光致发光金属-有机框架（PL-MOF）对气态氯化氢（HCl）敏感，其羧基配体可以作为质子受体与 HCl 反应，从而改变荧光信号 [42]。大多数 PL-MOF 是疏水芳烃，不能溶于水，在水中容易沉淀聚集，产生荧光猝灭效果，在稀溶液和浓溶液中表现出非常不同的荧光性质 [43]。猝灭过程与 π—π 堆积和相关的聚集引起的猝灭（ACQ）效应有关 [44]。多孔 PL-MOF 通常具有较大的比表面积，因此，可以封装其他发光体，如镧系离子和碳点。Xu 等 [45] 设计了一种新型的多孔荧光金属-有机框架（HPU-23），它可以通过荧光猝灭现象直观地检测气态氯化氢，并从有机溶剂中吸附并去除痕量的水。Gao 等 [46] 选择采用溶剂热法合成了一系列混合晶体镧系金属有机框架（Ln-MOF）。其中，选择 MLMOF-3 以形成纳米级晶体并制备发光 Ln-MOF 薄膜。$^5D_0 \rightarrow {}^7F_2$(Eu^{3+}，619 nm)-$^5D_4 \rightarrow {}^7F_5$(Tb^{3+}，547 nm) 跃迁的发射强度比随客体分子的不同而变化，使 MLMOF-3 膜能够识别不同的药物分子，且强度比与药物浓度呈线性相关。与传统的基于单一镧系离子的绝对发光强度方法相比，混合晶体 Ln-MOF 薄膜能产生更稳定、更准确的发光信号。

3.2.3 氧化还原活性

理论和实验都表明，在 MOF 中加入碱金属中心可以提高 MOF 对 H$_2$ 的吸附性能。考虑到这一点，Mulfort 等 [47] 制备了 [Zn$_2$(2,6-ndc)$_2$(L^{14})]（2,6-ndc¼2,6-萘 二羧酸盐) 和 [Zn$_2$(2,6-ndc)$_2$(L^{15})]，二者都具有可还原柱状配体的三维结构。在用萘化锂、钠或钾处理时，L^{14} 或 L^{15} 连接剂被部分还原，使 MOF 在形式上同时包含中性连接剂及其单阴离子，其电荷由所含的 1 族阳离子平衡。最有前景的 H_2 吸附材料是那些阳离子掺入量低的材料。Cheon 等[48]表明，$[Zn_3(ntb)_2(EtOH)_2]$ 中的桥接配体 (ntb¼4,40,400-硝基三苯甲酸酯) 被钯（II）氧化成氮自由基，而钯（II）又被还原成钯纳米粒子。结果表明，MOF 对 H_2 的吸收增强。

有机污染物分解的目标是将持久性或不可生物降解的有机污染物转化为毒性较小的碎片，甚至可能转化为二氧化碳、水和无机离子。分解法的优点之一是可以将其作为水处理全过程中的一个步骤进行整合，从而降低了污染物运输的成本和后续的泄漏、二次污染等风险，分解过程中的主要反应是氧化反应。传统上，有机污染物的氧化和随后的分解依赖于氯基强氧化剂。然而，所产生的产物对人类健康具有诱变和致癌作用。作为一种环保的替代方法，高级氧化工艺近年来受到了广泛的关注。在 AOPs 中，高活性和非选择性的物质（如 $\cdot OH$、$\cdot O_2-$、SO_4-）通过 Fenton 型反应或光催化等催化反应在原位生成。与传统材料相比，MOF 在 AOPs 中具有更好的性能。由于 MOF 已被证明是良好的吸附剂，因此，在单一材料中结合吸附和分解过程具有很大的潜力。其次，MOF 作为一种具有极高孔隙体积和表面积的多孔材料，为化学反应的发生提供了足够的空间。最后，同样重要的是，MOF 是由离散的金属离子或金属-氧簇 / 链和有机连接物组成的。金属离子 / 簇 / 链和有机连接剂都可以作为催化剂。因此，催化剂和底物之间的定域比大大提高，氧化反应的效率将大大提高。

羟基自由基（$\cdot OH$）是一个强大的氧化剂对广泛的有机污染物。一般来说，$\cdot OH$ 是由过氧化氢（H_2O_2）通过 Fenton 或类 Fenton 反应分解生成的。在众多表现出催化活性的金属中，铁仍被证明是具有良好性能的最佳候选金属。各种催化铁，包括金属盐（Fe^{2+} 或 Fe_3^+），金属氧化物（如 Fe_2O_3、Fe_3O_4）和零价金属 $[Fe(0)]$ 已应用于 $\cdot OH$ 生成。羧酸铁 MOF 在芬顿反应中得到了广泛的研究。这些 MOF 含有三核铁氧簇（如 MIL-88 系列和 MIL-100）。此外，紫外线或可见光照射会促进 $\cdot OH$ 的生成，提高水体的去污性能，这被称为光-Fenton 反应。MOF 中的三核铁氧簇或一维铁氧链可以看作是缩小的氧化铁。它们使载流子能够有效地到达吸附在表面的反应物，并最大限度地减少电子-空穴复合，这是它们笨重的同类所面临的一个主要问题。许多种类的有机污染物已经在 MOF 催化的光-Fenton 反应中进行了测试，包括小分子（苯和苯酚）、有机染料、药用化学品和增塑剂。

3.2.4 传导性

目前，电化学传感器的使用正成为重要分析物（如生物分子、药物、硝基芳香族化合物、重金属等）定量的主要方法。这些传感器是经过修改的电极，可以集成到电位器或便携式设备中，通过使用伏安法或计时安培法等电分析方法实时检测分析物。电化学传感器具有通用性广、重复性好、检测限高、灵敏度高等特点。电化学传感器的基础是在特定电解质存在的情况下，利用电活性材料修饰电极表面，直接参与分子的选择性电氧化或电还原。各种类型的材料（纳米材料、卟啉配合物、有机聚合物等）正在被评价为各种分子选择性氧化还原电催化的电极改性剂。从这个意义上说，MOF已被证明是优秀的候选者，因为它们提供了非凡的内表面积（$>6\,000\ m^2/g$），耐化学性，电活性行为，分子的选择性吸收，并且它们提高了电化学传感器的检测限、灵敏度和稳定性。尽管MOF材料性质多样，但它们在电子态和边界轨道之间的低重叠导致了低电子电导率，因此，纯MOF用于电化学应用的报道很少。为了解决这些导电性问题，将原始MOF与纳米材料或碳纳米材料结合，获得高导电性复合材料，可作为电化学传感器、能源生产或存储设备中的活性材料。

大多数基于MOF的电化学传感器由于其低成本、高电导率和宽电化学窗口而涉及使用玻璃碳电极（GCEs）。MOF复合材料最常用的GCE改性工艺是滴涂法。在这个过程中，复合材料被分散在溶剂中，得到的悬浮液被浇铸在电极的抛光表面上，形成一层，在电化学测量中充当催化剂。在改性过程中，重要的是控制MOF复合材料的表面覆盖浓度（Γ）。Γ的低值可能导致电化学系统中的高电阻，这与MOF材料的缺乏电导率和电化学响应的不足有关。另一种用于固定MOF基复合材料的电极是碳糊电极（CPEs）。这些电极广泛应用于电化学传感器中，并直接使用由石墨粉、黏合剂和原始MOF或MOF复合材料制成的湿糊状物制造。这些成分以特定的比例混合以产生浆糊，浆糊被装入塑料管中以制造电极。与GCEs不同，CPEs的活性表面可以多次更新，从而允许MOF-复合材料的新层的存在。

用于快速准确定量生物分子的电化学传感器的研究正在不断发展，所有项目都侧重于其在临床化学和医学科学中的应用。在这方面，大多数创新设计涉及将纳米材料或无机材料与酶结合使用，以获得具有低检测限和高灵敏度的智能电化学传感器。一些MOF材料已被用于固定化电化学传感器中的酶，并提高了它们的选择性。尽管基于酶的电极获得了优异的结果，但具有氧化还原活性行为的MOF复合材料和MOF衍生物在设计具有增强分析参数的非酶电化学传感器方面的适用性引起了极大的兴趣。一些报道表明，MOF材料对葡萄糖、H_2O_2、尿酸和抗坏血酸（AA）具有电催化活性。

3.2.5 催化活性

工业的快速发展和化石燃料的过量使用使大气中CO_2的浓度逐年增加，从而导致了许多环境问题，包括温室效应、海洋酸化等。因此，碳捕集与封存技术（CCS）不

仅降低了大气中 CO_2 的浓度，而且也符合可持续发展战略。大量研究表明，CO_2 可以作为一种丰富、无毒、廉价的 C1 原料来获得高价值的化学品，如 CO、CH_3OH、碳氢化合物、环碳酸盐、噁唑烷酮等。然而，作为典型的线性非极性分子，CO_2 中 C 和 O 原子之间独特的离域 π 键使惰性的 C=O 键裂解需要高能势垒（$\Delta G^\ominus$ =−394.38 kJ/mol），这阻碍了许多 CO_2 转化反应的发生。因此，需要在催化体系中加入高效稳定的催化剂来促进这些反应。MOF 作为一种温和高效的催化剂，在 CO_2 的化学转化中取得了许多令人印象深刻的成果。例如，CO_2 与环氧化物或叠氮醚反应，分别生成环状碳酸盐和噁唑烷酮。CO_2 与末端炔独特的 C—C 偶联过程可生成炔基羧酸 / 酯，在制药和合成工业中具有重要意义。CO_2 加氢的产物多种多样，有 CH_4、HCOOH、烯烃等。这些有意义的转化反应表明，MOF 基材料可以作为高效的催化剂，并显示出更突出的优势，如：①结构可改性：可修饰的有机配体和金属中心赋予 MOF 基材料丰富的酸碱位点来调节其催化能力；②独特的孔隙度：新颖的三维框架形成独特的孔隙或通道，具有较大的表面积，可以富集 CO_2 并提供足够的反应空间。此外，一些催化活性物质可以加载到大孔隙中，以增强 MOF 基材料的催化性能；③作为 C/N 或金属杂化衬底合成新的衍生材料：选择了一些典型的 MOF 基材料作为模板或前驱体来构建高效的多相催化剂。合成的材料保持了原始 MOF 的性质，并具有其他独特的化学性质；④稳定性高：报道的工作证实了一些 MOF 基材料具有较高的化学稳定性和热稳定性，为 CO_2 转化奠定了基础。同时，优异的稳定性也使得这些材料显示出高效的可回收性。

MOF 中的金属连接点往往与有机底物所取代的不稳定溶剂分子或反离子配位。这种金属中心的路易斯酸性性质可以激活协调的有机底物进行后续的有机转化。通过选择连接配体和金属中心来微调 MOF 的孔隙率和功能，可以使其成为高效的多相催化剂。MOF 中的不饱和金属位点（UMS）可以作为催化位点，多孔 MOF 框架中的官能团也可以作为催化位点，贵金属纳米颗粒也可以被填充在多孔 MOF 中进行催化反应。此外，多孔 MOF 的通道还被用作光化学和聚合反应。基于 Zn(Ⅱ)、Fe(Ⅱ)、Co(Ⅱ)、Ni(Ⅱ) 和 Cu(Ⅱ) 的 MOF 复合材料在碱性电解质（通常为 NaOH 或 KOH）存在下表现出电催化活性，它们的金属中心在介导有机分子的 ORR 中起着重要作用。在这方面，从 MOF 中的金属团簇中获得高活性的氢氧化物 [MOOH，M=Fe(Ⅲ)、Co(Ⅲ)、Ni(Ⅲ) 或 Cu(Ⅲ)] 在碱性介质中催化分析物在电极表面的氧化或还原，这有助于提高电流密度。

3.2.6　负热膨胀效应

像沸石这样的材料，是由坚固的、刚性的金属氧键构成的，通常显示出有限的结构灵活性。因此，客体分子的吸附只能在高压或高温下引起材料的显著变形。在更标准的压力和温度范围内，吸附只引起晶格参数和孔径的非常有限的变化。然而，即使是这种有限的柔韧性，已知也会对材料的一些物理化学性质产生影响。其中一个例子是负热膨胀（NTE）现象，这种现象发生在大量的沸石结构中。NTE 材料随着温度的升高而收缩但不膨胀。在显示这种性质的更重要的材料是配位聚合物 M(CN)$_2$，该结构包含两个互穿的金刚石网，而氰化物桥对于产生观察到的 NTE 是重要的。有人提出 NTE 是由于桥接氰化物配体围绕金属-金属轴的热振动引起的，在温度升高时，这些配体的振动幅度增强，促使金属原子间的距离相对减小，尽管实际上金属—金属键的尺寸有所增加。这一现象可以归因于氰化物原子的振动方向与金属—金属轴的距离关系，振动方向越偏离轴心，其振动对"表现"键长的影响越显著，从而使基于原子平均位置测量的键长显得较短。

对于某些材料，温度升高可能导致其独特的热膨胀行为，如各向异性热膨胀、巨大的 PTE、负热膨胀或零热膨胀（ZTE）。MOF 是一种新型的热敏材料，具有独特的热膨胀性能，通常源于其无机-有机杂化性质和多孔结构。温度的变化可以引起框架的膨胀或收缩，这可以从细胞参数的可逆变化中得到证明，而组成保持不变。需要注意的是，温度的升高有利于框架中溶剂客体的去除，从而导致结构转变。Aggarwal 等[49]报道了一种五倍互穿 MOF，表现出巨大的单轴 NTE。{[Zn(FMA)(BPA)](H$_2$O)$_n$(1·H$_2$O)[FMA 为富马酸酯配体，BPA = 1,2-双-(4-吡啶基) 乙烷]} 表现出独特的两组互穿网模式，一组是两组互穿网，另一组是三组互穿网。一般认为，额外网络的存在作为横向振动的屏障，由于相互渗透可以减少或抑制 NTE。然而，铰链运动和单个金刚石网络滑动的共同作用导致了异常的热膨胀行为。该 MOF 材料和 1·H$_2$O 是一类新的热响应互穿 MOF，表现出异常的 NTE 效应。

3.3 前处理中的应用

MOF 材料作为一类先进的多孔材料，是良好的新型吸附剂，在前处理中可根据靶物的不同对结构进行调控设计，目前已广泛应用于食品和环境中污染物的吸附去除。同时一些典型农业化学污染物（如农药、兽药、染料、真菌毒素、重金属、多环芳香烃、OCVs 和其他新型污染物等）已成为农业生产中和食品污染的安全隐患之一。因此，本节简单介绍 MOF 材料在典型农业化学污染物前处理中的应用。

3.3.1 农药

农药在粮食和农业中发挥着重要作用。但是，在没有适当质量控制的情况下使用农药会增加食品中过多农药残留的风险，这些农药残留可能对人体有害[50]。因此，准确检测痕量农药对食品安全至关重要。由于农药通常以痕量水平存在于食品样品中，因此，预浓缩和吸附步骤对于农药检测非常重要。Wang 等开发了一种 Co-MOF 作为磁性固相萃取（MSPE）提取新烟碱类杀虫剂，并将其与高效液相色谱-紫外检测器（HPLC-UV）集成以检测杀虫剂。与传统吸附剂相比，该磁性吸附剂吸附 5 个水样中新烟碱类杀虫剂的线性范围为 0.05～50.0 ng/mL，相关系数高（0.998 2～0.999 4），而无须额外的离心或过滤程序（图 13）[51]。同时他们制备了 MOF-5/ 氧化石墨烯（GO）杂化复合材料作为固相微萃取（SPME），并将其与气相色谱-电子捕获检测器（GC-ECD）偶联，以测定各种水果和蔬菜样品中三唑类杀菌剂。这种混合复合材料显示出比其他两种商业纤维（100 mm PDMS 和 65 mm PDMS/DVB 纤维）更高的提取能力[52]。进一步，他们还通过直接碳化 Co-MOF 制备了磁性纳米多孔碳（MNPC）作为 MSPE，而无须使用任何额外的碳前体。通过与 HPLC-UV 相结合，开发的 MSPE 可用于富集和检测葡萄和苦瓜样品中的苯脲类除草剂[53]。Tao 等将 UiO-66 偶联功能化棉花（棉花 @UiO-66）作为吸附剂材料，填充于移液管吸头中，偶联 HPLC 检测黄瓜中的苯氧基除草剂[54]，该方法显示出良好的线性范围（1.4～280 mg/L）和较低检出限（LOD：0.1 mg/L）。Wang 等制备了 ZIF-8 衍生纳米多孔碳（NPC），并将其用于固相萃取（SPE），结合 HPLC-UV 测定卷心菜和水样品中氨基甲酸酯。该方法显示出良好的线性范围（卷心菜：0.5～100 ng/g 和水：0.05～20 ng/mL）和低 LOD（卷心菜：0.25～0.1 ng/g 和水：0.01～0.02 ng/mL）[55]。为了提高从复杂食品基质中检测农药的选择性，Zhang 等[56] 制备了一种 Zn-MIL-101 材料来提取和分离豆类中的乙酰苯胺除草剂，该材料对吡唑草胺、丙胺、普雷草胺和丁草胺的 LOD 较低（分别为 0.58 mg/kg、0.90 mg/kg、1.78 mg/kg 和 1.18 mg/kg）。

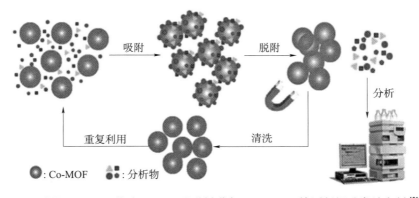

图 13　采用 Co-MOF 作为 MSPE 吸附剂联合 HPLC-UV 检测新烟碱类杀虫剂[51]

最近，Huang 等 [57] 使用 MIL-101（Cr）作为微固相萃取（μ-SPE）中的高效吸附剂，结合气相色谱-质谱（GC-MS）测定水样中 α-1,2,3,4,5,6-六氯环己烷 (α-HCH)、艾氏剂、α- 氯丹、狄氏剂和 1,1-二氯-2,2-双(对-氯苯基) 乙烷 (p,p′-DDD) 等 5 种有机氯农药（OCP），结果显示 MIL-101(Cr) 具有高孔隙率和吸附能力，检测灵敏度较好。同时 Li 等 [58] 合成了一种 MIL101(Cr)@MIP 复合材料，并将该复合材料用于水果中痕量敌百虫和久效磷的吸附去除。MIL-101(Cr)@MIP 较高的吸附量和选择性归因于 MIL101(Cr) 的高比表面积，同时敌百虫和久效磷的 LOD 分别为 0.011 mg/kg 和 0.015 mg/kg，回收率为 86.5%～91.7%。由于 MOF 具有多样的结构、永久且均匀的纳米级孔隙率和大表面积，是制造 NPC 的理想模板。例如，Hao 等 [51] 通过在 700℃下直接碳化 ZIF-67 制备了磁性 Co-NPC。Co-NPC 的比表面积为 315 m^2/g，并表现出超顺磁性。该材料应用于瓜类样品中吡虫啉、啶虫脒、噻虫啉和噻虫嗪等 4 种新烟碱类杀虫剂的吸附去除。同样，Liu 等通过在氮气和 700℃条件下碳化包含 ZIF-8 和 ZIF-67 的双金属 MOF（BMZIF），从而获得 MNPC。BMZIF 衍生的 NPC 具有磁化饱和和中等比表面积（397 m^2/g）[59]。以制备的 NPC 为吸附剂，结合气相色谱-三重四极杆质谱（GC-QQQ）能较好地测定 8 种有机氯农药。Li 等 [60] 将 MIL-101(Cr) 结合分散微固相萃取（D-μ-SPE）应用于大豆高脂提取物中非草隆、灭草隆、atraton、绿麦隆、莠去津、莠灭净和特丁津等 7 种除草剂的提取吸附。

在食品的农药残留检测过程中，磁性 MOF（MMOF）具有制备简单、操作简单、吸附效率高等特点，可有效降低基质干扰，提高目标物的检测灵敏度 [61]。Shakourian 等 [62] 合成 MMOF[Fe_3O_4@ 巯基乙酸 (TGA)@TMU-6]，作为 MSPE 吸附剂提取水稻和环境水样中一些有机磷农药（OPs）。由于大的表面积和独特的多孔结构，以及分析物和 MOF 配体之间的 π—π 疏水相互作用，制备的 MMOF 复合材料对有机磷农药具有高亲和力。伏杀硫磷、毒死蜱和丙溴磷的检出限（LOD）分别为 0.5 μg/L、1 μg/L 和 0.5 μg/L。Li 等通过一步碳化合成的 Zn/Co-MOF 衍生的磁性纳米多孔碳对 OPPs 也表现出高比表面积和高萃取效率。结合气相色谱-火焰光度检测器（GC-FPD），实现了对水果中 5 种 OPs 的简单、快速、选择性和高灵敏度分析 [63]。Yang 等开发的 UiO-66(Zr)-NH_2 混合磁力搅拌棒成功应用于吸附和提取食品样品中的 5 种磺酰脲类除草剂 [64]，其提取效率高于不含 UiO-66（Zr）-NH_2 的空白搅拌棒。5 种分析物的 LOD 范围为 0.04～0.84 μg/L，实际样品的回收率为 68.8%～98.1%。UiO-66（Zr）-NH_2 混合磁力搅拌棒具有超磁性能和较大的比表面积，是食品分析的最佳吸附剂。Yamini 等通过杂化制备方法制备的具有壳核结构的 MMOF 复合材料（Fe_3O_4@TMU-21）对橙汁中的拟除虫菊酯类农药表现出良好的选择性和高回收率 [65]。Duo 等采用两步溶剂热法合成了一种新型尖晶石状 MMOF 材料（Fe$_3$O$_4$-NH$_2$@MOF-235），并作为 SPE 吸附剂同时提取和测定蜂蜜、果汁和自来水样品中 5 种苯甲酰脲类农药[66]。Fe$_3$O$_4$-NH$_2$@MOF-235 与分析物之间的沉积和疏水相互作用在吸附过程中起着重要作用，在 5 min 内可达到最大吸附容量。磁性 Fe$_3$O$_4$-NH$_2$@MOF-235 复合材料与 SPE-HPLC 结合被证明是检测实际样品中苯甲酰脲类杀虫剂的简便方法。

2,4-滴是一种剧毒酸性除草剂，是一种已知的内分泌干扰物，被国际癌症研究机构归类为潜在的诱变剂和致癌物[67]。2,4-滴在 MIL-53(Cr) 上的吸附几乎在 1 h 内完成，这比活性炭所需的 12 h 快得多。MIL-53(Cr) 和活性炭对 2,4-滴的最大吸附量分别为 556 mg/g 和 286 mg/g。因此，MIL-53(Cr) 可以被认为是 2,4-滴的有效吸附剂。基于 pH 和温度对除草剂和框架的影响以及吸附热力学的评估，提出了一种吸附机理，即吸附剂与 2,4-滴阴离子之间的静电相互作用和 π—π 相互作用。经历 3 次重复回收利用后，吸附量基本保持不变[67-68]。

3.3.2 兽药

近年来，在食品生产动物和新鲜农产品中发现了多重耐药的弯曲杆菌、沙门氏菌、大肠杆菌和其他食源性病原体，在动物体内过度使用抗生素可能会增加多重耐药细菌对人类健康的威胁[50]。因此，食品安全控制需要开发新的快速兽医残留物筛选技术，包括有效的预浓缩技术。Du 等合成了一种新的 MMOF，该 MMOF 嵌入了聚高内相乳液作为 MSPE 技术，并偶联 HPLC 以检测食品样品中的 Wu 抗生素[69]。该复合材料显示出良好的线性范围，在牛奶、鸡蛋、鸡的肌肉和肾脏样品中分别为 1.9～4.6 ng/mL、5.5～13.9 ng/mL、1.8～3.7 ng/g 和 5.3～13.0 ng/g。Wu 等开发了一种 Zn-Co-MOF 的磁性多孔碳作为 MSPE，用于从茶和姜汁中富集和检测苯二氮卓类药物氟硝西泮，该方法具有良好的线性范围（1～500 ng/mL）和低检出限（姜汁汽水：0.2 ng/mL；茶：1.0 ng/mL）[70]。Yang 等在 online-SPE 中使用 ZIF-8 作为柱填充吸附剂，结合 HPLC 检测水和牛奶样品中的土霉素（OTC）、TC 和氯四环素（CTC）[71]。借助 ZIF-8 实现了出色的分析性能，复杂牛奶和水样品中四环素的回收率在 70.3%～107.4%。然而，四环素是大分子（具有 4 个六元环），体积太大而无法扩散到 ZIF-8 的孔隙中。观察到的 SPE 性能可能是分析物吸附在 ZIF-8 的外部晶体表面上的结果。磺胺类药物（SAs）是一类合成抗菌剂，难以降解，但广泛用于临床和兽医学。最近，Dai 等使用 MIL-101(Cr) 作为 SPE 的吸附剂，在不同的水样（饮用水、自来水、河水）中吸附磺胺嘧啶、磺胺二甲嘧啶、磺胺氯哒嗪和磺胺甲噁唑[72]。在这项工作中，还测试了 MIL-100(Fe) 的 SPE 性能，使用 MIL-100(Fe) 的 SAs 的回收率低于 MIL-101(Cr) 的回收率，这归因于 MIL-101(Cr) 的较大比表面积。此外，进一步利用分子模型探索 MOF 和 SAs 之间的结合模式。模拟结果表明，MOF 和 SAs 之间存在配位键、分子间氢键、π—π 相互作用、疏水效应和范德华力相互作用。Smaldone 等利用环糊精（CD）制备 CD-MOF-1207，并以其作为 SPE 的吸附剂，结合 HPLC 测定肉类样品（鸡肉、猪肉、肝脏和鱼）中 5 种 SA，即磺胺噻唑（STZ）、磺胺甲氧基脒（SMD）、磺胺甲嘧啶（SMR）、磺胺二甲氧嘧啶（SDM）和磺胺喹喔啉（SQX），结果表明，肉类样品中 SAs 的加标回收率范围为 76%～102%，相对标准偏差（RSD）为 2.4%～6.5%[73]。CD-MOF-1 对 SAs 的优异吸附性能归因于 SAs 与 CD-MOF-1 表面羟基之间的氢键作用以及 CD-MOF-1 中 CD 的包合作用。相比之下，使用 MOF 作为 MSPE 的吸附剂测定食品中兽药残留物的研究较少。最近，Xia 等合成了磁性孔核/壳结构的复合材料 Fe_3O_4@JUC48 作为 MSPE 的吸附剂，并偶合 HPLC-DAD 测定猪肉、鸡肉和虾样品中磺胺嘧啶（SDZ）、STZ、SMR、SMZ 和磺胺甲氧吡啶嗪（SMP）等 5 种 SAs[74]。MIL-101(Cr)@GO 复合材料是一种有前途的萃取吸附剂，可用于食品样品中的兽药残留吸附。Jia 等通过溶剂热法合成了纳米级 MIL-101(Cr)@GO，并将其作为 DSPE 的吸附剂，吸附牛奶中 12 种 SAs，包括 SDZ、磺胺吡啶（SPD）、SMR、SMZ、磺胺甲咪唑（SMT）、磺胺间甲氧嘧啶（SMM）、SCP、磺胺多辛（SDX）、SMX、SQX 和磺胺二甲氧嘧啶（SDM）[75]。通过在加热混合物之前将 GO 分散在含有 MIL-101(Cr) 前体的溶液中，合成 MIL-101(Cr)@GO 复合材料。与用于预处理的 MIL-101(Cr)、MIL-100(Fe)、活性炭和其他吸附剂材料相比，MIL-101(Cr)@GO 表现出改善的分散性和吸附性能。Wang 等使用相同的程序合成了 MIL-101(Cr)@GO，并将其应用于鸡肉中 4 种残留药物（甲硝唑、替硝唑、氯霉素、SMX）的吸附萃取[76]。

Pan 等合成 MIL-101(Cr)-SO_3H，一种磺酸盐修饰的 MOF，对氟喹诺酮类药物（诺氟沙星、氧氟沙星和依诺沙星）和其他喹诺酮类药物如那利迪酸、氟罗沙星和沙拉沙星具有很高的去除效率[77]。合成的 MIL-101(Cr)-SO_3H 在水中可稳定 30 d。诺氟沙星、氧氟沙星和依诺沙星的最大吸附量分别为 408.2 mg/g、450.4 mg/g 和 425.5 mg/g。MIL-101(Cr)-SO_3H 对这些氟喹诺酮类药物的总吸收量高于 MIL-101(Cr) 和 MIL-101(Cr)-NH_2。值得注意的是，碱性 MIL-101(Cr)-NH_2 的吸附率远低于酸性 MIL101(Cr)-SO_3H。所推荐的吸附机制涉及 MOF 上的去质子化的磺酰基与氟喹诺酮上的质子化的吡嗪基的静电相互作用。还评估了萘啶酸、氟罗沙星和沙拉沙星在 MIL-101(Cr)-SO_3H 上的吸附。与萘啶酸的平衡吸附量（Q_e）（84.4 mg/g）相比，MIL-101(Cr)-SO_3H 对氟罗沙星和沙拉沙星的摄取非常高（Q_e 分别为 100 mg/L：868.8 mg/g 和 898.2 mg/g）。萘啶酸与其他喹诺酮类药物的不同之处在于不存在哌嗪基和氟基。MIL-101(Cr)-SO_3H 显示出优异的可重复利用性。Shi 等报道了吉米沙星和莫西沙星在 MIL-101(Cr)-SO₃H 上的有效吸附[78]。MIL-101(Cr)-SO₃H 对吉米沙星和莫西沙星药物的最大吸附容量分别为 535 mg/g 和 493 mg/g，吸附效果远优于 MIL-101(Cr)。由于带负电的 MIL-101(Cr)-SO₃H 和带阳离子的吉米沙星分子之间的强静电相互作用，吸附容量在 2.0～6.8 的 pH 值范围内增加，且可重复利用 4 次。Yang 等使用 ZIF-8 同时吸附去除四环素和盐酸土霉素[79]。由于四环素和盐酸土霉素之间的协同作用，对混合污染物的去除效率高于对单一污染物的去除效率。在 303 K 时，四环素和盐酸土霉素的最大吸附量分别为 303.0 mg/g 和 312.5 mg/g，这主要基于咪唑盐环的 ZIF-8 与包含共轭苯环结构和多个酚羟基的四环素和土霉素进行 π—π 相互作用。

3.3.3 真菌毒素

霉菌毒素[黄曲霉毒素、曲霉毒素 A（OTA）、镰刀菌真菌毒素等]在潮湿的条件下容易在大米、坚果和谷物中产生，过量摄入会引起肝癌、肾中毒性等[50, 61]。因此，开发新型霉菌毒素吸附检测技术对于食品安全至关重要。MOF 已被用作真菌毒素检测的吸附材料。Liu 等通过半胱氨酸功能化的 UiO66(NH₂) 制备 UiO66(NH₂)@Au-Cys 复合材料，并将该复合材料用作吸附剂以去除在苹果汁中发现的霉菌毒素棒曲霉素（PAT）[80]。苹果汁中 PAT 的最大去除效率 87% 可归因于 UiO-66(NH₂)@Au-Cys 复合材料表面存在丰富的活性位点，包括氨基、羟基和羧基。该复合材料处理后的苹果汁中 PAT 的浓度达到了世界卫生组织（WHO）推荐的标准（50 μg/kg），同时苹果汁中的酚和维生素 C 等营养物质没有明显的损失。

以 MMOF 为纯化材料的 MSPE 技术具有较高的富集效率，已广泛应用于食品中霉菌毒素的分析。Li 等构建了核壳结构的 Fe₃O₄@UiO-66-NH₂@ 微孔有机网络（MON）复合材料，并将其用作分离黄曲霉毒素的吸附剂[81]。结合 HPLC 分析，所得吸附剂具有优异的选择性和灵敏度，LOD 范围为 0.15～0.87 μg/L，同时由于 MON 涂层的存在，吸附剂的水稳定性和吸附效率显著提高。另一种 MIL53(Al)-SiO₂@Fe₃O₄ 复合材料采用典型的 Stöber 合成工艺和超声搅拌共沉淀法制备，应用于冬凉茶中黄曲霉毒素 B₁（AFB₁）的多组分吸附，得到了更宽的线性范围（0.5～150 ng/mL）、更低的 LOD（0.5 ng/mL）和较高的回收率（70.7%～96.5%）[82]。Sabeghi 等开发的 MIL-101(Cr)/Fe₃O₄@SiO₂@ 丙基硫氧嘧啶复合材料用于同时分离和测定开心果样品中的 4 种黄曲霉毒素（B₁，B₂，G₁，G₂）[83]，具有广阔的应用前景。Hu 等通过 LbL 自组装方法制备了 MMOF[Fe₃O₄/ 石墨相氮化碳 (g-C₃N₄)/HKUST-1]，其被用作 MSPE 吸附剂以检测玉米中的曲霉毒素 A[84]。在最佳条件下，Fe₃O₄/g-C₃N₄/HKUST-1 对曲霉毒素 A 具有较好的灵敏度（LOD：2.57 ng/mL）和较高的回收率（96.5%～101.4%），表明 MMOF 作为

SPE吸附剂在食品样品预处理中的应用前景。

3.3.4 重金属

重金属是自然界中痕量分布的元素，可以通过摄入、吸入和皮肤吸收而被吸收到生物体中，超过最大限量水平时可能会引起毒性。然而，食物和水是重金属暴露于人体的主要来源[85]。因此，快速地监测吸附许多食品材料中的重金属显得尤为重要。

MOF是优良的重金属吸附剂，因为它具有大比表面积、多孔结构和较高的吸附效率。MOF是用于合成膜以去除重金属的最有前途的材料。Efome等通过共电纺丝方法制备合成了电纺纳米纤维复合膜（PAN-Zr-MOF-808），从水中去除Cd^{2+}的最大吸附量达到225.05 mg/g[86]。此外，Efome等分析了纳米纤维MOF膜的吸附能力，该膜由聚偏二氟乙烯（PVDF）和聚丙烯腈电纺纳米纤维负载的MOF Fe^{3+}和Zr^{5+}合成，可有效地从水相中去除Pb^{2+}和Hg^{2+}，可重复利用4次[87]。Jamshidifard等利用微波合成方法将UiO-66-NH_2集成到PAN/壳聚糖纳米纤维中，并研究了Cd^{2+}、Pb^{2+}和Cr^{6+}从水相的吸附去除和膜过滤能力，PAN/壳聚糖纳米纤维对Cd^{2+}、Pb^{2+}和Cr^{6+}的最大去除能力分别为441.2 mg/g、415.6 mg/g和372.6 mg/g[88]。Gong等通过将MOF添加到三聚体酸和聚乙烯亚胺交联体系中，合成了带有正电荷的创新纳滤（NF）膜。负载的NH_2-MIL-125(Ti)提高了复合膜的渗透性，观察到该膜的渗透性高于原始膜[89]。目前，多功能MOF吸引了研究人员的兴趣，因为多功能MOF的应用多样化，可用于检测以及从水溶液中去除重金属。通过将强发光分子荧光团和功能多样的共连接体连接到Zn基结构中，制备了等网状发光金属有机框架（LMOF：LMOF-261、LMOF-262和LMOF-263）。LMOF-263因其高孔隙率、强发光和优异的水稳定性而被确认为用于修复水相重金属的荧光化学传感器和吸附剂的最有前途的多孔材料，对Hg^{2+}的最大吸附量高达380 mg/g[90]。

Li等利用MOF-808八面体纳米颗粒吸附As^{6+}，最大吸附容量为24.80 mg/g，主要基于强烈的Zr-O键合作用，具有可重复使用性和再生性[91]。Li等进一步利用UiO-66吸附污水中砷，这种吸附剂的主要优点是其更大的表面积，相当稳定的pH值范围和各种吸附位点[91]。UiO-66在pH值2时显示出303 mg/g的显著吸附能力，主要的结合位点是羟基和苯羧酸配体。与活性炭（3 mg/g）和沸石（13.92 mg/g）相比，ZIF-8从水中去除As^{6+}方面显示出显著的优势——最大吸附容量为50 mg/g[92]。

Liu等制备了基于纳米多孔碳（γ-CD-MOF-NPC）材料的绿色环糊精MOF，1 min内吸附Cd^{2+}达到90%，具有极好的吸附效率[93]。最高吸附量为140.85 mg/g，这主要基于载氧基团的离子交换作用。Wang等通过快速微波辅助合成NH_2-Zr-MOF，对Cd^{2+}的去除表现出优异的吸附能力，在初始浓度为40 mg/L时，最大吸附量为177.35 mg/g[94]。

准二级模型中的吸附动力学数据拟合发现去除 Cd^{2+} 的机制是基于 Cd^{2+} 和 -NH_2 之间的配位相互作用。对于 Cd^{2+}，磺酸官能化的 $Cu_3(BTC)_2$-SO_3H 的最大吸收容量为 88.7 mg/g，受溶液的 pH 值影响较大。Chen 等利用 Co^{2+}、SCN 和 2,4,6-三(1-咪唑基)-1,3,5-三嗪合成新型 MOF-FJI-H12，FJI-H12 可以完全选择性地从水或废水中除去 $Hg^{2+[95]}$。最大吸附量为 439.8 mg/g，符合拟二级动力学模型，30 min 内从水中去除 Hg^{2+} 约 99.1%[90]。Luo 等研究了 MIL-101 胸腺嘧啶的功能，具有从水中去除汞的高潜力，并且发现数据与 Langmuir 等温线模型和准一级动力学非常吻合，观察到的最大吸附量达到 51.27 mg/g[96]。除此之外，与其他阳离子相比，MIL-101 的胸腺嘧啶已显示出对 Hg^{2+} 的优异选择性，并且选择性系数达到 947.34。这是因为 T-Hg^{2+}-T 与 MIL-101-胸腺嘧啶的高选择性相互作用如图 14 所示。

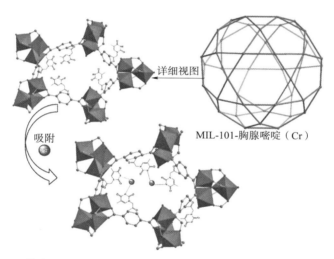

详细视图

MIL-101-胸腺嘧啶（Cr）

吸附

图 14　Hg^{2+} 在汞吸附过程中与 MIL-101- 胸腺嘧啶上的胸腺嘧啶 N 配位 [96]

Tahmasebi 等研究了吡嗪官能化 MOF-TMU-5 吸附去除水中 Pb^{2+} 的潜力，该 MOF 被证明是一种出色的吸附剂，最大吸附能力为 251 mg/g，在 15 min 内达到平衡。吸附容量随着 pH 值的增加而增强；在低 pH 时，吸附容量也降低，因此，该过程的最佳 pH 值为 10[97]。Ricco[98] 等合成另一种 MMOF 复合材料，即 Fe_3O_4@MIL-53。将 1,4 苯二甲酸（H_2BDC）和 2-氨基-1,4 苯二甲酸（H_2ABDC）分别引入 MOF 中，通过改进合成条件，提供 0%、50% 和 100% 的含氨基材料，对其进行了结构优化。大于或等于 50% 的 -NH_2 组分对 Pb^{2+} 具有更大的吸附能力（492 mg/g）。除此之外，Chakraborty 等报道了另一种阴离子 AMOF-1，用于从水性介质中吸附去除 Pb^{2+}。该复合材料由 Zn^{2+} 和四羧酸盐组成，最大吸附容量高达 75 mg/g，并且在 24 h 内达到平衡[99]。Yin 等通过微波合成方法合成 Zr-MOF，对 Pb^{2+} 的最大吸附量达到 135 mg/g，大于 125 mg/g 的 GO 和

115 mg/g 的纳米级零价铁官能化的蒙脱土所表现出的吸附量[100]。Wu 等研究了基于 Cu 和偶氮苯羧酸的 JUC-62 去除 Pb^{2+} 的吸附能力，最大吸附量达到 150 mg/g[101]。Wu 等使用硝酸铜和一种羧酸配体材料开发了一种 SPE 吸附剂（JUC-62），并将其与原子荧光光谱法整合以检测茶和蘑菇中的 Hg^{2+}[101]。结果表明 MOF 在红茶和蘑菇样品中显示出对 Hg^{2+} 的高吸附能力（836.7 mg/g）和高回收率（90.0%～93.3%），这可能归因于 Hg^{2+} 与 SPE 吸附剂的孔径 / 形状之间的相互作用。Tokalioglu 等设计了一种 Zr-MOF（MOF-545）作为涡旋辅助 SPE 的吸附剂，并将其与原子吸收光谱法（FAAS）集成在一起，用于从食品和水样品中提取铅，该方法的 LOD 为 1.78 mg/L，RSD 为 2.6%，并且可应用于鹰嘴豆，豆类，小麦和其他食品样品基质中[102]。

MOF 通过化学和物理吸附从水中修复重金属，具体取决于重金属（吸附物）和 MOF（吸附剂）之间的相互作用类型。一般化学吸附又称为反应吸附；物理吸附又称为吸附。化学吸附和物理吸附的强度会影响 MOF 的吸附能力。在图 15 所示的吸附过程中涉及各种机理。化学反应在 MOF 上重金属的吸附中起着重要作用。它包括化学键、酸碱相互作用和配位键。协调结合，酸碱相互作用，物理吸附（范德华力、静电相互作用）。

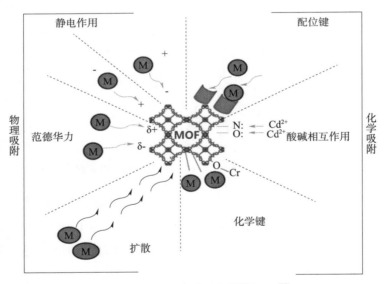

图 15　MOF 上去除重金属的机理[85]

3.3.5　染料

一些聚合物添加剂和染料可以通过生产链进入食品，对人体造成潜在危害。Wang 等通过水热法合成磁性 $Fe_3O_4@ZIF-8$，得到的颗粒产品纯度高、分散性好[103]。该复合材料可用于同时测定塑料包装饮料和食品中的 7 种添加剂（$Cyanox_{2246}$、$Irganox_{1035}$、

Chimassorb[81]、Irganox[1010]、Irganox[1330]、Tinuvin[328] 和 Tinuvin[326]）。Zhou 等使用两步溶剂热法制备了介孔复合材料 Fe$_3$O$_4$@PEI-MOF-5[104]。所得 MOF 可用作鱼样品中的两种三苯甲烷染料孔雀石绿（MG）和结晶紫（CV）的 MSPE 吸附剂，并结合 UHPLC-MS/MS 进行检测，这主要基于 Fe$_3$O$_4$@PEI 和 MOF-5 的化学键结合，从而为 MG 和 CV 提供了一种高效的富集和检测方法。Shi 等制造了一种磁性复合材料 Fe$_3$O$_4$-NH$_2$@MIL-101 用于番茄酱中 6 种苏丹红染料的 MSPE，然后进行 HPLC-DAD 检测[105]。通过在 MIL-101(Cr) 的反应中引入胺基功能化 Fe$_3$O$_4$ 粒子合成了该复合材料，与现有的吸附剂（包括中性氧化铝、C18 和 HLB 吸附剂）相比，基于 Fe$_3$O$_4$-NH$_2$@MIL-101 的 MSPE 方法显示出良好的回收率、低 LOD 和 RSD、较好萃取效率。Yang 等使用 UiO-67 作为吸附剂从水溶液和食品样品中去除非法食用染料（刚果红和孔雀石绿）[106]。刚果红和孔雀石绿的最大吸附量分别为 1 236.9 mg/g 和 357.3 mg/g。此外，UiO-67 可以在至少 7 个循环中重复使用，而吸附量没有显著降低。

在食品的非法添加剂分析中，MMOF 材料制备简单，吸附效率高，还被用于食品基质纯化和痕量污染物富集[61]。Lu 等提出了一种通过 ZIF-8 来构建均匀且坚固的纳米片（magG@PDA@ZIF-8）来官能化亲水性磁性石墨烯的位置控制策略[107]。制备的 magG@PDA@ZIF-8 具有规则的多孔结构和较大的表面积，独特的 π—π 作用力，强磁性和优异的水分散性，可用于富集可乐饮料中的 9 种邻苯二甲酸酯。Yamini 等合成的 Fe$_3$O$_4$@TMU-24 材料被证明是预浓缩增塑剂化合物的有效吸附剂[108]。Dadfarni 等使用分批吸附法将负载到氧化铁纳米颗粒 [Fe$_3$O$_4$@MIL-100(Fe)] 用于甲基红（MR）染料去除[109]。Li 等研究 MOF/氧化石墨杂化（MOF/HKUST1）材料用于从水性介质中去除亚甲基蓝染料的适用性，吸附去除过程符合 Langmuir 和 Freundlich 吸附等温线，HKUST-1/GO 对于亚甲基蓝染料去除具有更高的吸附能力和优异的可重复使用性[110]。

3.3.6　多环芳香烃

MIL-101 材料作为其沸石型晶体结构，对空气和水具有很高的抵抗力。Ge 等设计并合成了 MIL-101(Cr) 材料作为 m-SPE 装置中的吸附剂，用于邻苯二甲酸酯（PAEs）的预浓缩[111]。ZIF 和双金属 MOF 已被用作磁性 MOF 材料，以从复杂的样品基质中吸附和分离分析物。Huo 等混合 MIL-101 和二氧化硅涂覆的 Fe$_3$O$_4$ 微粒合成 MIL-101 用于提取 PAHs[112]。Jiao 等利用 [Cu(INA)$_2$(H$_2$O)$_4$] 富集净化后，经 GC-MS 检测猪肉、鸡肉和蛤蜊肉中的多氯联苯[113]。结果表明，[Cu(INA)$_2$(H$_2$O)$_4$] 对油脂食品中多氯联苯的提取具有比氧化铝、硅酸镁、硅胶、硅藻土等现有吸附剂更高的清除能力，主要通过分子间氢键延伸到三维超分子结构进行性能的提高。Hu 等合成杂化磁性 MOF-5，然后将其应用于 MSPE，然后对土壤，海藻和鱼类样品中的 PAHs 进行 GC/MS 和 LC-MS/MS 分析，以及绿豆、小麦中的赤霉素酸（GAs）[114]。磁性 MOF-5 对非极性 PAHs[如萘（NAP）、溴代萘（ANA）、芴（FLU）、菲（PHE）、荧蒽（FLA）和 PYR] 和极性赤霉素酸（如 GA_1、GA_3、GA_4 和 GA_7）具有较好的吸附去除能力，可循环利用 100 次而没有显著降低提取性能。在另一项工作中，Huo 等合成 Fe_3O_4@HKUST-1 用于磁辅助 D-μ-SPE 测定自来水、废水和果茶浸液样品中 8 种 PAHs[115]。

Sun 等原位组装金属有机框架膜，用于 SPME 多环芳烃[116]，在这项工作中，制备了 MOF 膜涂层铜线（CW）作为 SPME 材料，用于从水样中萃取 PAHs。基于 MOF 的 SPME 纤维是通过简便且环保的策略制造的，其中 CW 既充当基质又充当 MOF 膜生长的铜离子源。表征结果证实，在原始 CW 的光滑表面上生长了均匀且致密的 HKUST-1 膜。充分优化了提取参数（即提取温度，提取时间，解吸温度，解吸时间和盐浓度）的影响。由于其大的表面积，MOF 膜涂覆的 CW 纤维显示出良好的性能，具有很高的可重复性（2.6%～14%，$n=5$），低检出限（LODs，0.12～9.9 ng/L）和宽线性范围（0.01～10 μg/L）。此外，所提出的方法被证明对于测定实际环境水样中的痕量 PAHs 含量非常有效，其中 PAHs 的回收率在 80.8%～114.1% 范围内，表明所制备的 HKUST-1 膜涂层 CW 在环境水分析中具有巨大的潜力。

3.3.7 VOCs

VOCs 是有害的污染物，不仅具有毒性，而且具有诱变性、恶臭性和致癌性[117]。Bnitt 等合成 MOF-5，在 295 K 条件下 VOCs 的饱和吸附量分别为 1 211 mg/g（CH_2Cl_2）、1 367 mg/g（$CHCl_3$）、802 mg/g（C_6H_6）、1 472 mg/g（CCl_4）和 703 mg/g（C_6H_{12}），是传统吸附材料（如活性炭、分子筛等）的 4～10 倍，显示出 MOF 优异的 VOCs 吸附性能[118]。Yang 等利用 MOF-177 对丙酮、苯、甲苯、乙苯、二甲苯和苯乙烯等 VOCs 进行吸附去除，其中丙酮和苯的饱和吸附量分别达到 589 mg/g 和 800 mg/g[119]。吸附剂的不同结构显示了吸附和 VOCs 气体选择的差异。与 MOF-199 材料和泡沫 ZSM-5 材料相比，ZMF 复合材料具有更大的表面积，孔体积和 VOCs 吸附能力，对正己烷、苯和环己烷的吸附量分别增加了 150%、283% 和 468%[120]。MOF-199 的引入改变了沸石泡沫的物理和表面性能。

Yang 等通过水热法合成 MIL-101(Cr) 和铜掺杂 MIL-101(Cr)[Cu@MIL-101(Cr)]，并利用它们去除挥发性有机物。MIL-101(Cr) 和 Cu-3@MIL-101(Cr) 为八面体晶体，比表面积分别为 3 367 m^2/g 和 2 518 m^2/g[121]。MIL-101(Cr) 和 Cu-3@MIL-101(Cr) 的最大吸附

量分别为 103.4 mg/g 和 114.4 mg/g。结果表明，MIL-101(Cr) 与工业上广泛使用的常规活性炭相比，是一种吸附和去除污染空气中乙苯的优良吸附剂。Huang 等研究了 MIL-101 材料对典型 VOCs（正己烷、甲苯、甲醇、甲乙酮、二氯甲烷和正丁胺）的吸附性能[122]。研究发现，MIL-101 材料对含杂原子或苯环的 VOCs（正丁胺）的吸附量最大，达到 1 062 mg/g，对正己烷的最小吸附量为 14 mg/g。MIL-101 材料对上述 VOCs 的吸附能力大于常规活性炭，进一步证实了 MIL-101 材料在吸附 VOCs 方面具有良好的应用前景，具体机理见图 16。

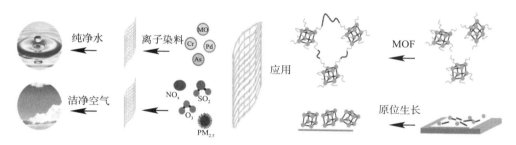

图 16 MOF 吸附 VOCs 的机理 [123]

3.3.8 新型污染物

目前，随着农业的快速发展，一些新型的污染物危害着农产品的质量安全。为了提高 MOF 的可回收性能，Hao 使用磁性 Ni 掺杂的纳米多孔碳（NieC）微球作为 MSPE 从果汁和水样中提取 PAEs。他们将开发的 MSPE 与 HPLC 集成在一起，以检测 PAEs。它们的 NieC 微球可重复使用 25 次，而回收率仅降低不到 10%[124]。在类似的工作中，Ghani 等将 MOF 混合基质盘（MOF-MMDs）应用于环境污染物酚类的吸附[125]。通过在 DMF 中混合机械稳定的 PVDF 和 UiO-66 或 UiO-66NH$_2$（90～300 nm），得到厚度约为 0.1 mm 的 MOF-MMDs。MOF-MMDs 可用于 7 种酚类化合物的吸附去除，其中 90 nm UiO-66-NH$_2$ 晶体合成的 MOFMMD 获得了最佳的萃取效率。通过在萃取过程中掺入选定的 MOF-MMD，增加了方法的灵敏度。

氧苯酮是许多防晒乳液的常见成分，被认为是一种典型的新兴污染物，具有很高的环境风险[126]。氧苯酮的化学结构包含各种官能团（如苯酚和酮基团），它们可以与吸附剂相互作用（如改性 / 官能化的 MOF）。Seo 等利用 MIL-101(Cr) 和 MIL-101(Cr)-OH 吸附去除氧苯酮，最大吸附量分别为 73.5 mg/g 和 121 mg/g[127]。MIL-101(Cr)-OH 官能团与氧苯酮的各种官能团相互作用形成氢键。与碳质材料，介孔材料和原始的 MIL-101(Cr) 相比，基于竞争性吸附，MIL-101(Cr)-OH 是一种用于去除 PPCP 的预期吸附剂。双酚 A 也可被 MIL-101(Cr) 和 MIL-100(Fe) 吸附[128]。为了快速和大量吸附双酚 A，与 MIL-101(Fe) 相比，MIL-100(Cr) 的相对较大的微孔是合适的。通过理论计算出 MIL-100(Fe) 和 MIL-101(Cr) 的双酚 A 最大吸附量分别为 55.6 mg/g 和 252.5 mg/g，涉及各种相互作用（例 π—π 相互作用、氢键和静电相互作用）。

参考文献

[1] ZHANG Q, WANG J, KIRILLOV A M, et al. Multifunctional Ln-MOFs luminescent probe for efficient sensing of Fe^{3+}, Ce^{3+}, and acetone[J]. ACS Applied materials interfaces, 2018, 10 (28): 23976-23986.

[2] LEE E Y, JANG S Y, SUH M P. Multifunctionality and crystal dynamics of a highly stable, porous metal–organic framework $[Zn_4O(NTB)_2]$[J]. Journal of the American chemical society, 2005, 127 (17): 6374-6381.

[3] LOZANO-VILA A M, MONSAERT S, BAJEK A, et al. Ruthenium-based olefin metathesis catalysts derived from alkynes[J]. Chemical reviews, 2010, 110 (8): 4865-4909.

[4] WANG L Q, ZHONG M, LI X H, et al. The QTL controlling amino acid content in grains of rice (*Oryza sativa*) are co-localized with the regions involved in the amino acid metabolism pathway[J]. Molecular breeding, 2008, 21: 127-137.

[5] LIU Y Q, CHEN Z H, ZHANG Z H, et al. Synthesis, structure and properties of nonlinear optical crystal $Li(H_2O)_4B(OH)_4 \cdot 2H_2O$[J]. Materials research bulletin, 2016, 83: 423-427.

[6] JAYARAMULU K, KANOO P, GEORGE S J, et al. Tunable emission from a porous metal–organic framework by employing an excited-state intramolecular proton transfer responsive ligand[J]. Chemical communications, 2010, 46 (42): 7906-7908.

[7] CUI Y J, YUE Y F, QIAN G D, et al. Luminescent functional metal–organic frameworks[J]. Chemical reviews, 2012, 112 (2): 1126-1162.

[8] KACZMAREK M. Lanthanide-sensitized luminescence and chemiluminescence in the systems containing most often used medicines; a review[J]. Journal of luminescence, 2020, 222: 117174.

[9] SABBATINI N, GUARDIGLI M, LEHN J-M. Luminescent lanthanide complexes as photochemical supramolecular devices[J]. Coordination chemistry reviews, 1993, 123 (1): 201-228.

[10] ELISEEVA S V, PLESHKOV D N, LYSSENKO K A, et al. Highly luminescent and

triboluminescent coordination polymers assembled from lanthanide β-diketonates and aromatic bidentate O-donor ligands[J]. Inorganic chemistry, 2010, 49 (20): 9300-9311.

[11] DE LILL D T, GUNNING N S, CAHILL C L. Toward templated metal–organic frameworks: synthesis, structures, thermal properties, and luminescence of three novel lanthanide-adipate frameworks[J]. Inorganic chemistry, 2005, 44 (2): 258-266.

[12] SOARES-SANTOS P C R, CUNHA-SILVA L, PAZ F A A, et al. Photoluminescent lanthanide-organic bilayer networks with 2,3-pyrazinedicarboxylate and oxalate[J]. Inorganic chemistry, 2010, 49 (7): 3428-3440.

[13] BETTENCOURT-DIAS A. Luminescence of lanthanide ions in coordination compounds and nanomaterials[M]. Reno: John Wiley and Sons, Ltd, 2014.

[14] MAHATA P, RAMYA K V, NATARAJAN S. Pillaring of $CdCl_2$-like layers in lanthanide metal–organic frameworks: synthesis, structure, and photophysical properties[J]. Chemistry: A European journal, 2008, 14 (19): 5839-5850.

[15] LIU J Q, WANG F M, SHI C Y, et al. Three new coordination polymers constructed from mixed ligands: syntheses, luminescence and magnetism[J]. Journal of inorganic and organometallic polymers and materials, 2014, 24 (3): 542-550.

[16] AN J, SHADE C M, CHENGELIS-CZEGAN D A, et al. Zinc-adeninate metal–organic framework for aqueous encapsulation and sensitization of near-infrared and visible emitting lanthanide cations[J]. Journal of the American chemical society, 2011, 133 (5): 1220-1223.

[17] LUO F, BATTEN S R. Metal–organic framework (MOF): lanthanide(iii)-doped approach for luminescence modulation and luminescent sensing[J]. Dalton transactions, 2010, 39 (19): 4485-4488.

[18] HUH S, KWON T H, PARK N, et al. Nanoporous in-MOF with multiple one-dimensional pores[J]. Chemical communications, 2009 (33): 4953-4955.

[19] LIN W F, WU M F, DAI S C, et al. A novel (4,6)-connected 3D metal–organic framework based on chelidamic acid: synthesis, crystal structure and photoluminescence[J]. Inorganic chemistry communication, 2013, 35: 326-329.

[20] WEI Y Q, YU Y F, WU K C. Highly stable five-coordinated Mn(II) polymer [Mn(Hbidc)]$_n$ (Hbidc=1H-Benzimidazole-5,6-dicarboxylate): crystal structure, antiferromegnetic property, and strong long-lived luminescence[J]. Crystal growth & design, 2008, 8 (7): 2087-2089.

[21] GUO X D, ZHU G S, SUN F X, et al. Synthesis, structure, and luminescent properties of microporous lanthanide metal–organic frameworks with inorganic rod-shaped building units[J]. Inorganic chemistry, 2006, 45 (6): 2581-2587.

[22] LUO L Q, HUANG H L, HENG Y, et al. Hierarchical-pore UiO-66-NH_2 xerogel with turned mesopore size for highly efficient organic pollutants removal[J]. Journal of colloid and interface science, 2022, 628 (Pt A): 705-716.

[23] MA Y N, HE X Y, TANG S H, et al. Enhanced 2-D MOFs nanosheets/PIM-PMDA-OH mixed matrix membrane for efficient CO_2 separation[J]. Journal of environmental chemical engineering, 2022, 10 (2): 107274.

[24] MARTINS R N, FIGUEIREDO d S M, ROBERTO D S P J, et al. GCMC and electronic evaluation of pesticide capture by IRMOF systems[J]. Journal of molecular modeling, 2022, 28 (10): 316.

[25] DONG S Y, ZHAN Y X, XIA Y M, et al. Direct Separation of UO_2^{2+} by coordination sieve effect via spherical coordination traps[J]. Small, 2023, 19 (26): 2301001.

[26] CAI M K, LIU Q L, LI Y L, et al. One-step construction of hydrophobic MOFs@COFs core-shell composites for heterogeneous selective catalysis[J]. Advanced science, 2019, 6 (8): 1802365.

[27] YUAN J, YI C Q, JIANG H Q, et al. Direct ink writing of hierarchically porous cellulose/alginate monolithic hydrogel as a highly effective adsorbent for environmental applications[J]. ACS Applied polymer materials, 2021, 3 (2): 699-709.

[28] DONG W C, LIU R Q, WANG C T, et al. Insight into selective depression of sodium thioglycallate on arsenopyrite flotation: adsorption mechanism and constructure[J]. Journal of molecular liquids, 2023, 377: 121480.

[29] WANG H, WANG S, WANG S X, et al. The one-step synthesis of a novel metal–organic frameworks for efficient and selective removal of Cr(VI) and Pb(II) from wastewater: kinetics, thermodynamics and adsorption mechanisms[J]. Journal of colloid and interface science, 2023, 640: 230-245.

[30] JAWAD A H, ABDULHAMEED A S, SURIP S N, et al. Hybrid multifunctional biocomposite of chitosan grafted benzaldehyde/montmorillonite/algae for effective removal of brilliant green and reactive blue 19 dyes: Optimization and adsorption mechanism[J]. Journal of cleaner production, 2023, 393: 136334.

[31] ZAREEN Z, SHAFQAT A, SAJJAD A, et al. Exceptionally amino-quantitated 3D

MOF@CNT-sponge hybrid for efficient and selective recovery of Au(III) and Pd(II)[J]. Chemical engineering journal, 2022, 431 (P4): 133367.

[32] XIANG L Y, JING L Q, FEI D F, et al. Efficient adsorptive removal of dibenzothiophene from model fuels by encapsulated of Cu^+ and phosphotungstic acid (PTA) in Co-MOF[J]. Journal of solid state chemistry, 2023, 321: 123845.

[33] LOW J J, BENIN A I, JAKUBCZAK P, et al. Virtual high throughput screening confirmed experimentally: porous coordination polymer hydration[J]. Journal of the American chemical society, 2009, 131 (43): 15834-15842.

[34] KUSGENS P, ROSE M, SENKOVSKA I, et al. Characterization of metal–organic frameworks by water adsorption[J]. Microporous and mesoporous materials, 2009, 120 (3): 325-330.

[35] CHEN C, ZHANG M, GUAN Q X, et al. Kinetic and thermodynamic studies on the adsorption of xylenol orange onto MIL-101 (Cr)[J]. Chemical engineering journal, 2012, 183: 60-67.

[36] BURTCH N C, JASUJA H, WALTON K S. Water stability and adsorption in metal–organic frameworks[J]. Chemical reviews, 2014, 114 (20): 10575-10612.

[37] AGOSTONI V, CHALATI T, HORCAJADA P, et al. Towards an improved anti-HIV activity of NRTI via metal–organic frameworks nanoparticles[J]. Advanced healthcare materials, 2013, 2 (12): 1630-1637.

[38] BEZVERKHYY I, WEBER G, BELLAT J-P. Degradation of fluoride-free MIL-100 (Fe) and MIL-53 (Fe) in water: Effect of temperature and pH[J]. Microporous and mesoporous materials, 2016, 219: 117-124.

[39] LIU C S, SUN C X, TIAN J Y, et al. Highly stable aluminum-based metal–organic frameworks as biosensing platforms for assessment of food safety[J]. Biosensors & bioelectronics, 2017, 91: 804-810.

[40] WONG K L, LAW G L, YANG Y Y, et al. A highly porous luminescent terbium-organic framework for reversible anion sensing[J]. Advanced materials, 2006, 18 (8): 1051-1054.

[41] ZHU K, FAN R, ZHENG X, et al. Dual-emitting dye-CDs@MOFs for selective and sensitive identification of antibiotics and MnO_4^- in water†[J]. Journal of materials chemistry C, 2019, 47: 15057-15065.

[42] XU K, ZHAN C Y, ZHAO W, et al. Tunable resistance of MOFs films via an anion exchange strategy for advanced gas sensing[J]. Journal of hazardous materials, 2021,

416: 125906.

[43] XIE M H, CAI W, CHEN X H, et al. Novel CO_2 fluorescence turn-on quantification based on a dynamic AIE-active metal–organic framework[J]. Acs applied materials & interfaces, 2018, 10 (3): 2868-2873.

[44] ZONG L Y, XIE Y J, WANG C, et al. From ACQ to AIE: the suppression of the strong pi-pi interaction of naphthalene diimide derivatives through the adjustment of their flexible chains[J]. Chemical communications, 2016, 52 (77): 11496-11499.

[45] XU X, LI H J, XU Z Q. Multifunctional luminescent switch based on a porous PL-MOF for sensitivity recognition of HCl, trace water and lead ion[J]. Chemical engineering journal, 2022, 436: 135028.

[46] GAO Y X, YU G, LIU K, et al. Luminescent mixed-crystal Ln-MOF thin film for the recognition and detection of pharmaceuticals[J]. Sensors and actuators B: chemical, 2018, 257: 931-935.

[47] MULFORT K L, HUPP J T. Chemical reduction of metal–organic framework materials as a method to enhance gas uptake and binding[J]. Journal of the American chemical society, 2007, 129 (31): 9604-9605.

[48] CHEON Y E, SUH M P. Enhanced hydrogen storage by palladium nanoparticles fabricated in a redox-active metal–organic framework†[J]. Angewandte chemie, 2009, 121 (16): 2943-2947.

[49] AGGARWAL H, DAS R K, ENGEL E R, et al. A five-fold interpenetrated metal–organic framework showing large variation in thermal expansion behaviour owing to dramatic structural transformation upon dehydration-rehydration[J]. Chemical communications, 2017, 5: 861-864.

[50] WU K J, WU C, FANG M, et al. Application of metal–organic framework for the adsorption and detection of food contamination[J]. TRAC trends in analytical chemistry, 2021, 143: 116384.

[51] HAO L, WANG C, WU Q H, et al. Metal organic framework derived magnetic nanoporous carbon: novel adsorbent for magnetic solid-phase extraction[J]. Analytical chemistry, 2014, 86 (24): 12199-12205.

[52] ZHANG S H, YANG Q, WANG W C, et al. Covalent bonding of metal–organic framework-5/graphene oxide hybrid composite to stainless steel fiber for solid-phase microextraction of triazole fungicides from fruit and vegetable samples[J]. Journal of

agricultural and food chemistry, 2016, 64 (13): 2792-2801.

[53] LIU X H, LI S Y, WANG D X, et al. Theoretical study on the structure and cation-anion interaction of triethylammonium chloroaluminate ionic liquid[J]. Computational and theoretical chemistry, 2015, 1073: 67-74.

[54] SU Y, WANG S C, ZHANG N, et al. Zr-MOF modified cotton fiber for pipette tip solid-phase extraction of four phenoxy herbicides in complex samples[J]. Ecotoxicology and environmental safety, 2020, 201: 110764.

[55] HAO L, LIU X L, WANG J T, et al. Use of ZIF-8-derived nanoporous carbon as the adsorbent for the solid phase extraction of carbamate pesticides prior to high-performance liquid chromatographic analysis[J]. Talanta, 2015, 142: 104-109.

[56] ZHANG C X, ZHANG L Y, YU R Z. Extraction and separation of acetanilide herbicides in beans based on metal–organic framework MIL-101 (Zn) as sorbent[J]. Food additives & contaminants: part A, 2019, 36 (11): 1677-1687.

[57] HUANG Z, LEE H K. Micro-solid-phase extraction of organochlorine pesticides using porous metal–organic framework MIL-101 as sorbent[J]. Journal of chromatography A, 2015, 1401: 9-16.

[58] LI D Q, ZHANG X, KONG F F, et al. Molecularly imprinted solid-phase extraction coupled with high-performance liquid chromatography for the determination of trace trichlorfon and monocrotophos residues in fruits[J]. Food analytical methods, 2017, 10 (5): 1284-1292.

[59] LIU Y X, GAO Z J, WU R, et al. Magnetic porous carbon derived from a bimetallic metal–organic framework for magnetic solid-phase extraction of organochlorine pesticides from drinking and environmental water samples[J]. Journal of chromatography A, 2017, 1479: 55-61.

[60] LI N, WU L J, NIAN L, et al. Dynamic microwave assisted extraction coupled with dispersive micro-solid-phase extraction of herbicides in soybeans[J]. Talanta, 2015, 142: 43-50.

[61] YANG J Y, WANG Y B, PAN M F, et al. Synthesis of magnetic metal–organic frame material and its application in food sample preparation[J]. Foods, 2020, 9 (11): 1610.

[62] SHAKOURIAN M, YAMINI Y, SAFARI M. Facile magnetization of metal–organic framework TMU-6 for magnetic solid-phase extraction of organophosphorus pesticides in water and rice samples[J]. Talanta, 2020, 218: 121139.

[63] LI D D, HE M, CHEN B B, et al. Metal organic frameworks-derived magnetic nanoporous carbon for preconcentration of organophosphorus pesticides from fruit samples followed by gas chromatography-flame photometric detection[J]. Journal of chromatography A, 2019, 1583: 19-27.

[64] YANG J H, CUI C X, QU L B, et al. Preparation of a monolithic magnetic stir bar for the determination of sulfonylurea herbicides coupled with HPLC[J]. Microchemical journal, 2018, 141: 369-376.

[65] YAMINI Y, SAFARI M. Magnetic Zink-based metal organic framework as advance and recyclable adsorbent for the extraction of trace pyrethroids[J]. Microchemical journal, 2019, 146: 134-141.

[66] DUO H X, LU X F, WANG S, et al. Synthesis of magnetic metal–organic framework composites, Fe$_3$O$_4$-NH$_2$@MOF-235, for the magnetic solid-phase extraction of benzoylurea insecticides from honey, fruit juice and tap water samples[J]. New journal of chemistry, 2019, 43 (32): 12563-12569.

[67] JUNG B K, HASAN Z, JHUNG S H. Adsorptive removal of 2,4-dichlorophenoxyacetic acid (2,4-D) from water with a metal–organic framework[J]. Chemical engineering journal, 2013, 234: 99-105.

[68] JIN E, LEE S, KANG E, et al. Metal–organic frameworks as advanced adsorbents for pharmaceutical and personal care products[J]. Coordination chemistry reviews, 2020, 425: 213526.

[69] DU F Y, SUN L S, TAN W, et al. Magnetic stir cake sorptive extraction of trace tetracycline antibiotics in food samples: preparation of metal–organic framework-embedded polyHIPE monolithic composites, validation and application[J]. Analytical and bioanalytical chemistry, 2019, 411 (10): 2239-2248.

[70] WU Q H, CHENG S, WANG C H, et al. Magnetic porous carbon derived from a zinc-cobalt metal–organic framework: A adsorbent for magnetic solid phase extraction of flunitrazepam[J]. Microchimica acta, 2016, 183 (11): 3009-3017.

[71] YANG X Q, YANG C X, YAN X P. Zeolite imidazolate framework-8 as sorbent for on-line solid-phase extraction coupled with high-performance liquid chromatography for the determination of tetracyclines in water and milk samples[J]. Journal of chromatography A, 2013, 1304: 28-33.

[72] DAI X P, JIA X N, ZHAO P, et al. A combined experimental/computational study on

metal–organic framework MIL-101 (Cr) as a SPE sorbent for the determination of sulphonamides in environmental water samples coupling with UHPLC-MS/MS[J]. Talanta, 2016, 154: 581-588.

[73] SMALDONE R A, FORGAN R S, FURUKAWA H, et al. Metal–organic frameworks from edible natural products[J]. Angewandte chemie-international edition, 2010, 49 (46): 8630-8634.

[74] XIA L, LIU L J, LV X X, et al. Towards the determination of sulfonamides in meat samples: A magnetic and mesoporous metal–organic framework as an efficient sorbent for magnetic solid phase extraction combined with high-performance liquid chromatography[J]. Journal of chromatography A, 2017, 1500: 24-31.

[75] JIA X N, ZHAO P, YE X, et al. A novel metal–organic framework composite MIL-101 (Cr)@GO as an efficient sorbent in dispersive micro-solid phase extraction coupling with UHPLC-MS/MS for the determination of sulfonamides in milk samples[J]. Talanta, 2017, 169: 227-238.

[76] WANG Y D, DAI X P, HE X, et al. MIL-101(Cr)@GO for dispersive micro-solid-phase extraction of pharmaceutical residue in chicken breast used in microwave-assisted coupling with UHPLC-MS/MS detection[J]. Journal of pharmaceutical and biomedical analysis, 2017, 145: 440-446.

[77] PAN Y C, LIU Y Y, ZENG G F, et al. Rapid synthesis of zeolitic imidazolate framework-8 (ZIF-8) nanocrystals in an aqueous system[J]. Chemical communications, 2011, 47 (7): 2071-2073.

[78] SHI Q, CHEN Z F, SONG Z W, et al. Synthesis of ZIF-8 and ZIF-67 by steam-assisted conversion and an investigation of their tribological behaviors[J]. Angewandte chemie-international edition, 2011, 50 (3): 672-675.

[79] YANG Q, VAESEN S, RAGON F, et al. A water stable metal–organic framework with optimal features for CO_2 capture[J]. Angewandte chemie-international edition, 2013, 52 (39): 10316-10320.

[80] LIU M S, WANG J, YANG Q F, et al. Patulin removal from apple juice using a novel cysteine-functionalized metal–organic framework adsorbent[J]. Food chemistry, 2019, 270: 1-9.

[81] LI C Y, LIU J M, WANG Z H, et al. Integration of Fe_3O_4@UiO-66-NH_2@MON core-shell structured adsorbents for specific preconcentration and sensitive determination of

aflatoxins against complex sample matrix[J]. Journal of hazardous materials, 2020, 384: 121348.

[82] DURMUS Z, KURT B Z, GAZIOGLU I, et al. Spectrofluorimetric determination of aflatoxin B_1 in winter herbal teas via magnetic solid phase extraction method by using metal–organic framework (MOF) hybrid structures anchored with magnetic nanoparticles[J]. Applied organometallic chemistry, 2020, 34 (3): e5375.

[83] SABEGHI M B, GHASEMPOUR H R, KOOHI M K, et al. Synthesis and application of a novel functionalized magnetic MIL-101 (Cr) nanocomposite for determination of aflatoxins in pistachio samples[J]. Research on chemical intermediates, 2020, 46 (9): 4099-4111.

[84] HU S S, OUYANG W J, GUO L H, et al. Facile synthesis of Fe_3O_4/g-C_3N_4/HKUST-1 composites as a novel biosensor platform for ochratoxin A[J]. Biosensors & bioelectronics, 2017, 92: 718-723.

[85] RANI L, KAUSHAL J, SRIVASTAV A L, et al. A critical review on recent developments in MOF adsorbents for the elimination of toxic heavy metals from aqueous solutions[J]. Environmental science and pollution research, 2020, 27 (36): 44771-44796.

[86] EFOME J E, RANA D, MATSUURA T, et al. Insight studies on metal–organic framework nanofibrous membrane adsorption and activation for heavy metal ions removal from aqueous solution[J]. ACS Applied materials & interfaces, 2018, 10 (22): 18619-18629.

[87] EFOME J E, RANA D, MATSUURA T, et al. Metal–organic frameworks supported on nanofibers to remove heavy metals[J]. Journal of materials chemistry A, 2018, 6 (10): 4550-4555.

[88] JAMSHIDIFARD S, KOUSHKBAGHI S, HOSSEINI S, et al. Incorporation of UiO-66-NH_2 MOF into the PAN/chitosan nanofibers for adsorption and membrane filtration of Pb(II), Cd(II) and Cr(VI) ions from aqueous solutions[J]. Journal of hazardous materials, 2019, 368: 10-20.

[89] GONG X Y, HUANG Z H, ZHANG H, et al. Novel high-flux positively charged composite membrane incorporating titanium-based MOFs for heavy metal removal[J]. Chemical engineering journal, 2020, 398: 125706.

[90] RUDD N D, WANG H, FUENTES-FERNANDEZ E M A, et al. Highly efficient luminescent metal–organic framework for the simultaneous detection and removal of heavy metals from water[J]. ACS Applied materials & interfaces, 2016, 8 (44): 30294-

30303.

[91] LI Z Q, YANG J C, SUI K W, et al. Facile synthesis of metal–organic framework MOF-808 for arsenic removal[J]. Materials letters, 2015, 160: 412-414.

[92] WU Y N, ZHOU M, ZHANG B, et al. Amino acid assisted templating synthesis of hierarchical zeolitic imidazolate framework-8 for efficient arsenate removal[J]. Nanoscale, 2014, 6 (2): 1105-1112.

[93] LIU C, WANG P, LIU X K, et al. Ultrafast removal of cadmium(II) by green cyclodextrin metal–organic-framework-based nanoporous carbon: Adsorption mechanism and application[J]. Chemistry, an Asian journal, 2019, 14 (2): 261-268.

[94] WANG C, LIU X, CHEN J P, et al. Superior removal of arsenic from water with zirconium metal–organic framework UiO-66[J]. Scientific reports, 2015, 5: 16613.

[95] CHEN G S, HAI J, WANG H, et al. Gold nanoparticles and the corresponding filter membrane as chemosensors and adsorbents for dual signal amplification detection and fast removal of mercury(II)[J]. Nanoscale, 2017, 9 (9): 3315-3321.

[96] LUO X B, SHEN T T, DING L, et al. Novel thymine-functionalized MIL-101 prepared by post-synthesis and enhanced removal of Hg^{2+} from water[J]. Journal of hazardous materials, 2016, 306: 313-322.

[97] TAHMASEBI E, MASOOMI M Y, YAMINI Y, et al. Application of mechanosynthesized azine-decorated Zinc(II) metal–organic frameworks for highly efficient removal and extraction of some heavy-metal ions from aqueous samples: a comparative study[J]. Inorganic chemistry, 2015, 54 (2): 425-433.

[98] RICCO R, KONSTAS K, STYLES M J, et al. Lead(II) uptake by aluminium based magnetic framework composites (MFCs) in water[J]. Journal of materials chemistry A, 2015, 3 (39): 19822-19831.

[99] CHAKRABORTY A, BHATTACHARYYA S, HAZRA A, et al. Post-synthetic metalation in an anionic MOF for efficient catalytic activity and removal of heavy metal ions from aqueous solution[J]. Chemical communications, 2016, 52 (13): 2831-2834.

[100] YIN N, WANG K, LI Z Q. Rapid microwave-promoted synthesis of Zr-MOFs: An efficient aadsorbent for Pb(II) removal[J]. Chemistry letters, 2016, 45 (6): 625-627.

[101] WU Y Z, XU G H, WEI F D, et al. Determination of Hg (II) in tea and mushroom samples based on metal–organic frameworks as solid phase extraction sorbents[J]. Microporous and mesoporous materials, 2016, 235: 204-210.

[102] TOKALIOGLU S, YAVUZ E, DEMIR S, et al. Zirconium-based highly porous metal-organic framework (MOF-545) as an efficient adsorbent for vortex assisted-solid phase extraction of lead from cereal, beverage and water samples[J]. Food chemistry, 2017, 237: 707-715.

[103] WANG J Q, LIU X R, WEI Y. Magnetic solid-phase extraction based on magnetic zeolitic imazolate framework-8 coupled with high performance liquid chromatography for the determination of polymer additives in drinks and foods packed with plastic[J]. Food chemistry, 2018, 256: 358-366.

[104] ZHOU Z H, FU Y Q, QIN Q, et al. Synthesis of magnetic mesoporous metal–organic framework-5 for the effective enrichment of malachite green and crystal violet in fish samples[J]. Journal of chromatography A, 2018, 1560: 19-25.

[105] SHI X R, CHEN X L, HAO Y L, et al. Magnetic metal–organic frameworks for fast and efficient solid-phase extraction of six Sudan dyes in tomato sauce[J]. Journal of chromatography B: analytical technologies in the biomedical and life sciences, 2018, 1086: 146-152.

[106] YANG Q F, WANG Y, WANG J, et al. High effective adsorption/removal of illegal food dyes from contaminated aqueous solution by Zr-MOFs (UiO-67)[J]. Food chemistry, 2018, 254: 241-248.

[107] LU Y J, WANG B C, YAN Y H, et al. Location-controlled synthesis of hydrophilic magnetic metal–organic frameworks for highly efficient recognition of phthalates in beverages[J]. Chemistryselect, 2018, 3 (44): 12440-12445.

[108] YAMINI Y, SAFARI M, MORSALI A, et al. Magnetic frame work composite as an efficient sorbent for magnetic solid-phase extraction of plasticizer compounds[J]. Journal of chromatography A, 2018, 1570: 38-46.

[109] DADFARNI A S, SHABANI A M H, MORADI S E, et al. Methyl red removal from water by iron based metal–organic frameworks loaded onto iron oxide nanoparticle adsorbent[J]. Applied surface science, 2015, 330: 85-93.

[110] LI L, LIU X L, GENG H Y, et al. A MOF/graphite oxide hybrid (MOF: HKUST-1) material for the adsorption of methylene blue from aqueous solution[J]. Journal of materials chemistry A, 2013, 1 (35): 10292-10299.

[111] GE D, LEE H K. Water stability of zeolite imidazolate framework 8 and application to porous membrane-protected micro-solid-phase extraction of polycyclic aromatic

hydrocarbons from environmental water samples[J]. Journal of chromatography A, 2011, 1218 (47): 8490-8495.

[112] HUO S H, YAN X P. Facile magnetization of metal–organic framework MIL-101 for magnetic solid-phase extraction of polycyclic aromatic hydrocarbons in environmental water samples[J]. Analyst, 2012, 137 (15): 3445-3451.

[113] JIAO Z, ZHANG S L, CHEN H W. Determination of tetracycline antibiotics in fatty food samples by selective pressurized liquid extraction coupled with high-performance liquid chromatography and tandem mass spectrometry[J]. Journal of separation science, 2015, 38 (1): 115-120.

[114] HU Y L, HUANG Z L, LIAO J, et al. Chemical bonding approach for fabrication of hybrid magnetic metal–organic framework-5: High efficient adsorbents for magnetic enrichment of trace analytes[J]. Analytical chemistry, 2013, 85 (14): 6885-6893.

[115] HUO S H, AN H Y, YU J, et al. Pyrolytic in situ magnetization of metal–organic framework MIL-100 for magnetic solid-phase extraction[J]. Journal of chromatography A, 2017, 1517: 18-25.

[116] SUN S T, HUANG L J, XIAO H Y, et al. In situ self-transformation metal into metal–organic framework membrane for solid-phase microextraction of polycyclic aromatic hydrocarbons[J]. Talanta, 2019, 202: 145-151.

[117] IBRAHIM A O, ADEGOKE K A, ADEGOKE R O, et al. Adsorptive removal of different pollutants using metal–organic framework adsorbents[J]. Journal of molecular liquids, 2021, 333: 115593.

[118] BRITT D, TRANCHEMONTAGNE D, YAGHI O M. Metal–organic frameworks with high capacity and selectivity for harmful gases[J]. Proceedings of the national academy of sciences of the United States of America, 2008, 105 (33): 11623-11627.

[119] YANG K, XUE F, SUN Q, et al. Adsorption of volatile organic compounds by metal–organic frameworks MOF-177[J]. Journal of Environmental Chemical engineering, 2013, 1 (4): 713-718.

[120] SAINI V K, PIRES J. Development of metal organic from work-199 immobilized zeolite foam for adsorption of common indoor VOCs[J]. Journal of environmental sciences, 2017, 55: 321-330.

[121] YANG K, SUN Q, XUE F, et al. Adsorption of volatile organic compounds by metal-organic frameworks MIL-101: Influence of molecular size and shape[J]. Journal of

hazardous materials, 2011, 195: 124-131.

[122] HUANG C Y, SONG M, GU Z Y, et al. Probing the adsorption characteristic of metal–organic framework MIL-101 for volatile organic compounds by quartz crystal microbalance[J]. Environmental science & technology, 2011, 45 (10): 4490-4496.

[123] MA X J, CHAI Y T, LI P, et al. Metal–organic framework films and their potential applications in environmental pollution control[J]. Accounts of chemical research, 2019, 52 (5): 1461-1470.

[124] HAO L, MENG X F, WANG C, et al. Preparation of nickel-doped nanoporous carbon microspheres from metal–organic framework as a recyclable magnetic adsorbent for phthalate esters[J]. Journal of chromatography A, 2019, 1605: 460364.

[125] GHANI M, PICO M F F, SALEHINIA S, et al. Metal–organic framework mixed-matrix disks: Versatile supports for automated solid-phase extraction prior to chromatographic separation[J]. Journal of chromatography A, 2017, 1488: 1-9.

[126] WESTERHOFF P, YOON Y, SNYDER S, et al. Fate of endocrine-disruptor, pharmaceutical, and personal care product chemicals during simulated drinking water treatment processes[J]. Environmental science & technology, 2005, 39 (17): 6649-6663.

[127] SEO P W, BHADRA B N, AHMED I, et al. Adsorptive removal of pharmaceuticals and personal care products from water with functionalized metal–organic frameworks: remarkable adsorbents with hydrogen-bonding abilities[J]. Scientific reports, 2016, 6: 34462.

[128] QIN F X, JIA S Y, LIU Y, et al. Adsorptive removal of bisphenol A from aqueous solution using metal–organic frameworks[J]. Desalination and water treatment, 2015, 54 (1): 93-102.

第四章

功能化 MOF 的污染物传感检测

4.1 光学传感器

近年来随着科技的发展，人们对新功能材料需求的日益增加，各种新型功能材料不断涌现，其中应用于化学传感的材料已经不再局限于有机分子、量子点、金属纳米簇、半导体等。多孔 MOF 材料的出现逐渐展现出在化学传感领域的潜力[1]。MOF 材料以其高孔隙度和比表面积的特性能够在一定范围内有效地富集浓缩被分析物，使其本身对分析物具有较高的灵敏度和较低的检出限，并且 MOF 材料优越的结构稳定性能够增加其重复利用率[2]。随着对 MOF 材料的不断深入研究，其在化学传感方面的应用变得非常广泛，包括识别检测金属阳离子、阴离子、气体小分子、有机分子以及温度和 pH 等[3]。MOF 在可逆吸附、高催化性能、多样功能和可调结构特征方面的非凡能力，在很大程度上有助于使其成为合适的化学传感器[4]。

MOF 被广泛用作化学传感器，由于 MOF 的设计精度可以使孔隙内部与各种分析物产生良好的相互作用[5]。迄今为止报道的各种 MOF 传感器通过发光、溶剂变色、干涉测量、局部表面等离子体共振（LSPR）、胶体晶体或导电性以及机电检测进行操作，其中大多数研究都是基于发光的 MOF 传感器，这些传感器通常被用于检测危险材料和烈性炸药。

大多数发光 MOF 传感器，都是基于客体吸附后的猝灭或发射强度增强，然而，这种类型的信号转导只能实现选择性，而不能实现灵敏性[6]。通过将分析物引入化合物作为传感器，可以观察到产生的传感器响应，这通常不足以准确和灵敏地检测特定分析物。在这些情况下，引入额外的传感检测参数，例如，发射频率（波长）的偏移，有望大大增强信号从一维到二维的传递，并消除假阳性反应，但目前尚未实现。

4.1.1 干涉法

干涉法是通过测量 MOF 的折光率（RI）随着客体分子的数量和折射率变化的光学方法。折光率是光与可极化物质相互作用的测量方法，随着极化电子的数量和电子的极性增加而增加[7]。

Lu 等[8]报道了透明玻璃上 ZIF-8 薄膜的蒸汽传感，其中干涉法折射表面是 MOF 膜的前后面。因为大多数 MOF 的容量是由最初的空孔组成，吸附质在这些孔里的吸附使折射率产生变化。采用逐步法制作的薄膜厚度可调，简单地将玻璃或硅基片浸渍在含有合成 MOF 的前体溶液中，通过溶液中纳米晶体的沉积产生了一个 50 nm 厚的 MOF 薄膜，此过程采用新鲜的前体溶液重复。由于 MOF 薄膜厚度与反射光谱有关，不同厚度的 MOF 薄膜显示出不同的颜色（图 17）。厚度大约为 1 μm 的 ZIF-8 薄膜可以用来检测丙烷气体，因此，ZIF-8 可以用于制作选择性传感材料。由于甲基取代的咪唑配体的疏水性，其合成的 ZIF-8 孔表面疏水，可以用于水存在下对有机气体分子的检测。另外，ZIF-8 的小孔（约 3.4 Å）能够提高对小分子的检测选择性，如 ZIF-8 传感器可以检测到正己烷，而不能检测到位阻大的环己烷。

图 17　不同厚度的 ZIF-8 薄膜显示的不同颜色 [8]

4.1.2　基于长周期光栅的隐失场传感

　　光学传感是一种用于检测生物化学和气体物质的重要技术。光学传感的优点是检测速度快、灵敏度高。为了在分析应用中获得足够的光学信号变化，一些研究者发现一体化的光波导化学分析需要大的传感装置（通常长度为几厘米）[6]。表面等离子体谐振（SPR）也已经被用来制造光学传感器，目前，光学微谐振器在生化、化学和气体传感方面的应用还是比较广泛的。光学微谐振器具有高质量因数（Q 因数非常小的器件，其中，Q 因数一般指谐振波长与谐振线宽的比率）[9]。例如，由于由玻璃球制成的微球谐振器中捕获的光循环多次，产生了高 Q 因数（>10^6）的器件，这可使微球表面上的分析物和谐振器中循环的光之间的光学相互作用有效地增强，因此，由玻璃球制成的微谐振器可以用于制造非常灵敏的光学传感器。在光学微谐振器传感器中，使用主波导（buswave guide）来激发接近微谐振器的表面设置的导向光学模式谐振光学模式的一个实例是回音廊模式 [10]，将分析物设置在微球模式的隐失场（evanes centfield）内，通过谐振频率的改变来检测传感器的折射率的变化 [9]，可以使用与检测器连接的第二主波导，从微谐振器中提取发生改变的光谱。王金豆等 [11] 通过光学仿真软件模拟了不同包层模式、不同包层半径情况下有效折射率以及谐波波长飘逸量的变化规律，结果表明，光栅各阶包层的有效折射率均会随环境折射率的增大而增大，且半径越小的高阶包层模灵敏度越高；根据谐振波波长偏移量与环境折射率的变化规律，在实际应用中可以选择不同的参数来满足不同的灵敏度需求，给倾斜长周期光纤光栅在折射率传感领域的合理应用提供理论参考。

　　长周期光纤光栅（LPG）传感器通过周期性调制纤芯中感应的折射率，在环境折射率发生感应变化时显示出高度灵敏的共振波长偏移信号。LPG 也表现出比几何改性光纤更高的机械性能，其光纤包层部分或全部被去除[12-13]。例如，Baliyan 等[12] 使用了一种稳定、无标记的基于酶的传感器，如图 18 所示，该传感器使用 LPG 检测三酰甘油酯。使用了一种在光纤上固定脂肪酶稳定共价结合技术，使用该技术实现了酶官能团在纤维表面的稳定附着以及保持其活性，通过扫描电子显微镜和拉曼光谱确认酶的固定，通过对硝基苯棕榈酸酯脂肪酶（PNP）测定证实了稳定性，该传感器对人体血液中三酰甘油酯的生理范围显示出 0.5 nm/mmol 的高灵敏度和 17.71 mg/dl 的低检测限。

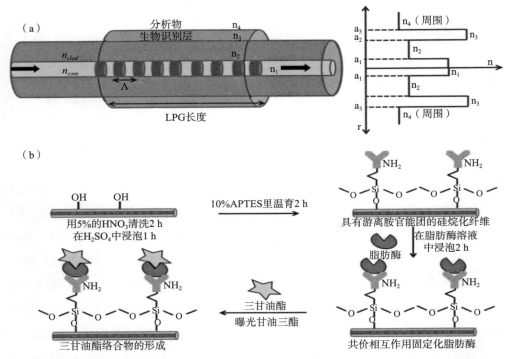

图 18　（a）LPG 光纤传感器探头的示意图（b）固定酶在光纤探头上创建生物识别层[12]

4.1.3　透射光谱

1944 年，美国科学家 Bethe[13] 在经典电磁场理论的影响下，探究了入射光对于金属结构的透射情况，随后提出了经典光阑衍射理论：当入射光穿过一个金属小孔时，光波会发生强烈的衍射效应，并得到透射率的公式为：

$$T = \frac{64 \left(kr \right)^2}{27\pi^2} \tag{1}$$

式中，T 为透射率；r 为圆孔半径；k 为 $2\pi/\lambda$。由式（1）得到入射光穿过金属圆孔结构的透射率与入射光波长的四次方成反比关系。按照 Bethe 提出的衍射理论，当光波长入大于小孔半径 r 时，光谱透射率几乎为零。但是 1998 年，挪威物理学家 Ebbesen 小组[14]发现，当入射光穿过金属 Ag 薄膜上的周期性亚波长小孔阵列后，得到的透射系数比传统衍射理论的预测值要大很多倍，并命名这一光学现象为光学超透射。自此，光穿过金属微纳孔阵列结构的奇特光学性质受到了研究者的广泛关注，并得到了飞速的发展。

入射光照射到金属微纳米结构阵列表面的传播过程分为 3 部分：①满足波矢匹配条件后，在金属上表面激发出 Air/Ag 模式的等离激元；②在孔结构内部的一部分光产生倏逝波，通过孔洞的隧穿效应传播至金属膜层下表面；同时，倏逝波也会转移。过程：①表面等离激元的能量；②穿过孔结构的光在金属和基底交界面激发出 Ag/SiO$_2$ 模式的表面等离激元。需注意到，在传播过程中不同模式的 SPs 会使透射光能量增强，即共振波长处出现对应的透射光谱[15]。

在多晶 MOF 主体中加载空气敏感客体分子目前是一个具有挑战性的过程。因此，Huang 等[16]的研究中，使用气相渗透工艺将空气敏感的客体分子氧化镁加载到两种多孔 MOF 主体，多晶 Ni-MOF-74 和 NH$_2$-MIL-101(Al) 中（图 19）。XRD、FTIR、扫描透射电子显微镜和扫描透射电子显微镜-能量色散 X 射线映射测量表明，MgCp$_2$ 成功加载到 NH$_2$-MIL-101 的三维孔内 (Al) 的最大负载量为 43.1wt%。MgCp$_2$ 由于小的一维通道，被发现覆盖了 Ni-MOF-74 的外部。

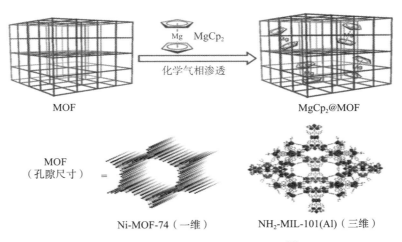

图 19　MgCp$_2$@MOF 结构示意图[16]

4.1.4　SPR

SPR 传感器是一种亲和式光学传感器，具有响应速度快、实时测量的优点。这是一种流行的不使用分子标记的高灵敏度农药检测技术。SPR 是一种光学物理现象，当 p 偏振光在全内反射条件下撞击两种折射率不同介质之间界面处的导电金属膜时发生[17]。SPR 对监测与传感器金属膜接触的分析物折射率的微小变化非常敏感。由于折射率偏移与大多数生物分子的吸附分析物质量高度相关，因此，可以通过基于 SPR 的光学传感方法定量检测各种农用化学品[18]。

由于金纳米颗粒（Au NPs）具有较高的消光系数，当 Au NPs 表面产生等离子体共振效应，可使 Au NPs 被分析物诱导聚集，通过共价键或非共价键作用在不同状态下表现出不同颜色的变化，从葡萄酒红色（分散状态）到紫色或蓝色（聚集状态），基于此效应可实现对目标检测物进行特异性的识别和吸附，即待测物使金纳米颗粒在存在目标检测物时发生选择性的聚集，这种明显的颜色变化和光学特性可在紫外-可见分光度计或肉眼下被观察到，不需要其他复杂的精密仪器就可以实现对目标物的快速检测[19]。

与干涉法原理相似，SPR 光谱也是通过测量 MOF 折光率的变化间接地检测化合物。当用白光照射银、金或铜纳米颗粒时，电子会产生连贯的振动，即 LSPR 现象[20]。

LSPR 光谱在生物传感方面应用广泛，而在气体和蒸汽传感方面应用很少，主要是在信号放大和选择性方面还存在一些不足。不同气体的折射率数值差别不大，采用 LSPR 光谱分析仪的分辨率很难检测[21]。而将等离子体颗粒与具有化学选择性的 MOF 结合可以改进这类传感器，利用当被检测分子的吸附与等离子体共振重叠时的共振效应能够放大响应的特点以及增加传感器的灵敏性。通过将小的 MNPs 嵌入 MOF 中，可以利用其表面等离子体现象，表面增强拉曼散射效应，同样可以增加灵敏性[22]。

Hossain 等[23] 建立了一种快速、灵敏、多重成像的 SPR 生物传感器检测方法，并对脱氧雪腐镰刀菌烯醇（DON）、玉米赤霉烯酮（ZEA）和 T-2 毒素进行了检测，使用空白小麦和掺加了水中溶解固体物质的总量（EC）规定水平（或 EC 水平的 1/3）的小麦验证了所有 3 种镰刀菌毒素的截断水平，并用天然污染的小麦样品进行了进一步验证。这是第一个报道的 Au NPs 增强 iSPR 测定法，用于检测和分类 3 个农业上重要的镰刀菌小麦中的毒素。

此外，HU 等[24] 合成了 Au NPs/MIL-101 复合材料用于高灵敏 SERS 检测，该复合材料结合了 MOF 材料的高吸附性能和纳米颗粒的局域表面等离子共振特性，使被分析物的气体快速有效地集聚在 SERS 活性金属表面，大幅度提高了 SERS 基底的响应灵敏度，对罗丹明 6G 和对二氨基联苯的检测下限分别为 42 fmol 和 0.54 fmol，并具有良好的响应稳定性和重现性。对苯二胺和 α 胎甲球蛋白的检测下限为 0.1 ng/mL，线性范围分别为 1～100 ng/mL 和 1～130 ng/mL。

4.2 电化学传感器

MOF 是晶体多孔材料，由金属离子（或团簇）和由配位键连接的有机配体组成[25]，它们提供了一种简单的手段，提供结构多样性、灵活性、高孔隙度、大的表面积和广泛的孔隙 MOF 的这些特性使其优于商业多孔材料，如活性炭、二氧化硅和沸石[26]。此外，MOF 的物理化学性质可以在合成过程中进行设计，如通过改变金属的性质、配体和温度条件等参数。因此，MOF 已应用于多种功能应用，包括储氢、污染物吸附（在净化过程中去除水中的无机和有机污染物）、VOLs 的分离、用于分析目的的吸附剂（如在空气或水中的现场取样或捕获甲醛和从水样中多环芳烃的在线固相提取）、多相催化、环境和生物物种的化学传感器、质子传导和药物传递，例如烟酸/维生素 B₃ 的释放随着 MOF 研究的进展，通过合理地选择电活性金属离子和/或有机官能团，合成了许多氧化还原活性 MOF[27]。

由于其独特的性质和广泛的氧化还原活性，它可以应用于电催化、储能器件和电化学传感器等各个领域。MOF 基复合材料的潜力也被实现为功能材料（如导电纳米颗粒）的理想主机。这些复合材料被证明具有优越的电催化/电化学传感性能。因此，各种基于 MOF 复合材料的平台已被开发为用于环境和生化目标的高效电化学传感器[28]。基于 MOF 的电化学传感器的最新进展，用于检测环境污染物，包括重金属、有机化合物和有毒气体。如今，电化学传感器的使用正成为量化重要分析物（如生物分子、药物、硝基芳香族化合物、重金属等）的主要方法。

这些传感器是改进的电极，可以集成到恒电位器或便携式设备中，通过使用伏安法、时安培法、等电分析法实时检测分析物。电化学传感器具有广泛的多功能性、可重复性、非凡的检测限和高灵敏度[29]。电化学传感器的基础是利用电活性材料修饰电极表面，在特定电解质存在下直接参与分子的选择性电氧化或电还原。各种类型的材料（纳米材料、卟啉配合物、有机聚合物等）正在被评价为不同分子的选择性氧化还原电催化的电极改性剂[30]。从这个意义上说，MOF 已被证明是一个优秀的候选框架，因为它们提供了较大的内表面积（>6 000 m^2/g）、化学抗性、电活性行为、分子的选择性吸收，并且它们提高了电化学传感器的检测极限、灵敏度和稳定性。尽管具有有趣的特性，但它们在 MOF 中电子态和前沿轨道之间的低重叠导致了低电子电导率。因此，使用纯 MOF 进行电化学应用的鲜有报道。为了解决这些电导率问题，将原始 MOF 与纳米材料或碳纳米材料结合，获得高导电性复合材料，这些复合材料可用作电化学传感器、能量生产或存储设备中的活性材料[31]。MOF 的电分析应用是一种新的、快速扩展的应用。因此，在本节中，我们总结了 MOF 复合材料作为催化剂在电化学传感应用中的应用，希望这里发现的信息将启发这一有趣领域的进一步研究。

基于 MOF 复合材料的电化学传感器的概述如前所述，电化学传感器是含有 MOF 复合材料或其他材料的电极，它们介导修饰电极表面不同分子的氧化还原催化。研究人员在设计基于 MOF 复合材料的电化学传感器过程中必须面临的挑战是如何将 MOF 材料加载到一个精确的电极上。在文献中，大多数报道的微波电化学传感器由于其低成本、电极率高、电化学窗口宽，都涉及玻璃碳电极的使用[32]。最常见的 MOF 复合材料 GCE 改性工艺是采用滴涂。在此过程中，将复合材料分散在溶剂中，并将获得的悬浮液铸造在电极的抛光表面上，以形成在电化学测量中作为催化剂的层。在改性过程中，控制 MOF 复合材料的表面覆盖浓度（Γ）是很重要的。低 Γ 值可能导致电化学体系电阻高，这与 MOF 材料缺乏电导率和电阻反应不足有关。如前所述，电化学传感器是含有 MOF 复合材料或其他材料的电极，它们介导修饰电极表面不同分子的氧化还原催化。

电化学技术以其快速、简单、成本低、小型化简单、灵敏度高、选择性高等特点，是最有前途的应用方法之一[33]。MOF 及其衍生材料具有较高的比面积、较强的导电性、良好的稳定性、优异的催化活性和快速的响应时间，因此，适用于构建坚固的电化学传感器基于 MOF 及其衍生材料的电流传感器可分为安培传感器、阻抗传感器、电化学发光传感器和光电化学传感器。

一些 MOF 表现出电化学活性，MOF 可用于基于分析物的氧化和还原反应的电化学传感器。电化学中的测量是在由工作电极、对电极或参考电极组成的 2 个或 3 个电极组成的电化学系统中进行的。通过测量电流，可以对参与反应的电位或其他电信号进行定量测量。MOF 复合材料由于其高表面积、孔隙体积、良好的吸收性和高催化活性[34]，是一种很好的电化学气体传感候选材料。Mashao 等[35] 报道了一种基于聚苯胺 / ZIF 的电化学氢气传感器。他们表明，基于 MOF 的电化学气体传感器能够在不需要加热的情况下感知氢气的低浓度（mg/kg 水平）使用最近提出的先进方法对污染物的定量主要集中在电化学传感器系统上，其中包括安培、伏安和阻抗技术。基于纳米结构和 MOF 纳米复合材料的电化学方法目前正在兴起，作为环境传感器显示出广阔的前景[35]。电化学传感器的工作是基于 ORR 的原理，通常通过由参比电极、工作电极和对电极组成的三电极系统进行[36]。测量各种分析物的电信号、电势和电流的各种变化，可以精确地检测和分析它们[37]。MOF 具有高表面积和孔体积、良好的吸收性和高催化活性，具有电化学传感表面改性剂的潜力。由于其高表面积、高催化性能[38-39]、大孔体积和高效的吸附能力，MOF 显示出作为有效的电化学传感器的非凡潜力。迄今为止，已

经制备了许多稳定的 MOF 和 MOF 纳米复合材料，可以广泛用作电化学传感器。虽然
MOF 具有较低的电导率，而且由于其在水介质中的可逆性，但其稳定性也会降低。然
而，通过结合具有多种功能和具有高氧化还原电位的纳米材料，可以开发出 MOF 作为
高效的电极材料。它们与高电导率材料的结合也有助于设计可有效地作为电化学传感
器[40-41] 的 MOF 材料具有较大的表面积和高孔隙率的电化学或电催化性能，也为电化
学应用提供高选择性和灵敏度。

　　MOF 是一种多孔材料，其中有机配体连接金属离子或基团。它们独特的特点，如
大的表面积、可定制的孔隙几何形状、活性位点、高化学和热耐久性，使它们可以
用于各种光催化应用、气体储存、药物传递、吸收和不同分子[42] 的检测。制作改变
MOF 的复合材料可能使其成为检测各种物体的最佳选择，包括生物分子、阴离子、有
机化合物、阳离子、气体分子等因此，各种基于 MOF 复合材料的平台被设计来解决这
一问题，并有效地作为遗传和环境目标的电化学传感器（图 20）。MOF 与有机分子的
电化学相互作用包括静电相互作用、π—π 相互作用和多受体相互作用。

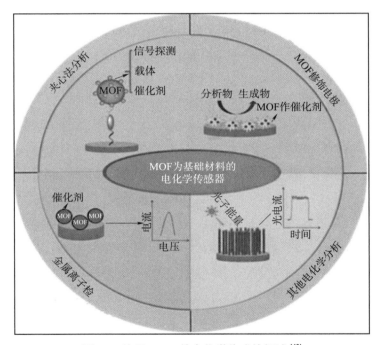

图 20　使用 MOF 的电化学传感的领域 [42]

　　MOF 的催化效率证明了它们是电化学传感应用的潜在候选材料。此外，合理的孔
隙度、可调的化学功能和通过多种相互作用识别特定目标的设计满足了电化学传感平
台的要求。这种 MOF 衍生材料具有 MOF 共有的优点，即表面积大，孔隙率高，以及

金属 / 碳的电导率好、活性金属位置丰富等优点，使其成为适合电化学传感应用的电活性材料。

4.2.1 电流式传感器

在电化学传感器中，安培传感器因其高灵敏度和快速度而成为应用最广泛的传感器之一。2012 年，Zhou[43] 的小组使用 ZIF-8 MOF 合成 Co_3O_4 纳米颗粒，发现基于模板的方法可以控制 Co_3O_4 纳米颗粒的尺寸，提高电催化活性。因此，他们构建了一个基于 Co_3O_4 纳米颗粒的葡萄糖和 H_2O_2 的安培传感器。Wang 等 [44] 制备了 Zn_4O（1,4-苯二羧酸盐）MOF，并使用该材料对碳糊电极进行了改性。然后，他们在改性的电极表面预吸附铅离子，并利用差分脉冲剥离伏安法技术对铅离子进行传感。Xiao 等 [45] 通过沸石咪唑酸盐框架-8 的碳化工艺制备了 MOF 衍生材料，即氮掺杂微孔碳（NMC）复合材料，然后使用镍离子-铋/NMC 复合材料构建了 Cd^{2+} 和 Pb^{2+} 的伏安传感器。结果表明，该传感器的高灵敏度源于 NMC 材料优异的理化性能和良好的协同效应。Wang 等 [44] 制备了 3 种 Fe-MOF（MIL-88A）作为模板，并对其进行热解，得到不同层次的分级四氧化三铁 / 碳上层结构（图 21）。然后对不同 MOF 模板对产物的热分解过程进行了详细的研究。此外，他们还利用衍生材料实现了 n-乙酰半胱氨酸的电化学传感。

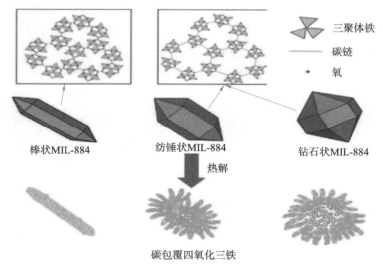

三聚体铁

碳链

氧

棒状MIL-884

纺锤状MIL-884

钻石状MIL-884

热解

碳包覆四氧化三铁

图 21　Fe-MOF（MIL-88A）作为模板不同层次的分级四氧化三铁 / 碳上层结构图[44]

Cui 等 [46] 设计了 Fe 卟啉性 MOF 标记的 DNA 探针。在探针中，Fe 卟啉类 MOF 具有较高的模拟过氧化物酶性能，并存在一个 Pb^{2+} 依赖的 RNAzyme，GR-5。Pb^{2+} 的加入可以特异性地切割 RNAzyme，释放短 Fe 卟啉 MOF 连接 DNA 片段，与丝网印刷碳电极表面的发夹 DNA 杂交。固定的丝网印刷碳电极表面的 Fe 卟啉 MOF 可以电化学催化 H_2O_2 氧化 TMB，产生酶促放大的电化学信号，适用于 Pb^{2+} 的敏感检测（图 22）。

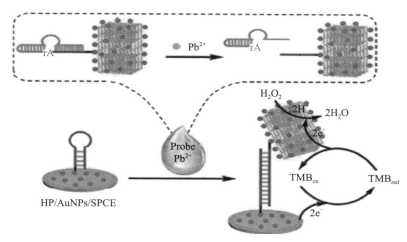

图 22　Fe 卟啉 MOF 电化学催化 H_2O_2 氧化 TMB，Pb^{2+} 的敏感检测图 [46]

Liu 等 [47] 在氮气和空气保护中通过 Ni MOF 热解制备 Ni/NiO/C 复合材料，发现 Ni/NiO/C 可以与肌红蛋白（Mb）/血红蛋白（Hb）基质结合，构建用于亚硝酸盐检测的酶电化学传感器。该传感器显示出良好的电化学性能，因为 MOF 衍生的 Ni、一氧化镍和碳杂化物的协同效应可以加速电子转移过程。Jia 等 [48] 热解双金属镍 MOF MOF-dirded 纳米复合材料包含 $NiCo_2O_4$，氧化亚钴 / 镍纳米颗粒充满 CNT，并使用复合材料作为一个有效的平台固定人类免疫缺陷的探针 DNA 电化学分析 HIV-1 DNA 在人类血清样本。

4.2.2　阻抗法传感器

阻抗光谱分析是研究 MOF 等绝缘体材料电学性能的一种有效技术。这种电学性质可以用来理解和分析 MOF-分析物的相互作用，这进一步提供了一种估计分析物浓度的方法。因此，阻抗分析工具被广泛应用于有毒气体的检测。阻抗传感的功能标准依赖于传感元件的电阻抗作为应用电流频率变化的估计。基于 MOF 的传感器在与甲醇和乙醇等 VOCs 接触时，表现出了阻抗响应的显著变化（图 23）。从阻抗响应中获得的数据用一个复杂的图（实数和虚数）用图形方式表示，称为奈奎斯特图。阻抗参数 Z 是一个复量，包含实部 Z 和虚部 Z 的两个部分。此外，Z 的论证给出了电流和电压之间的相位差。MOF 可能被证明是基于阻抗的检测的良好候选，因为它们的可依赖电导率。

与其他检测模块相比，阻抗技术在制造简单方面有明显的优点。基于 MOF 的阻抗传感器由于其依赖的电导率，可能被证明是检测 VOCs 的良好候选者[49]。

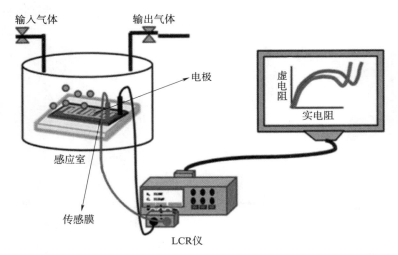

图 23　测量传感材料在与客体分子相互作用时阻抗变化的阻碍传感器示意图[49]

4.2.3　电化学发光传感器

发光 MOF 是迄今为止研究最广泛的 MOF 类型之一。它们具有高灵敏度和选择性、快速响应、可重复使用性和简单性等优点，因为它们可以直接作为粉末使用，而不需要加工步骤事实上，发光 MOF 传感器通过在主客体相互作用的发光过程，甚至通过猝灭或增强发射波长的移动，使不同目标化合物的定性和定量分析成为可能。

2015 年，Deep 等[50]合成了 Cd MOF[Cd(氨基对苯二甲酸)(H$_2$O)$_2$]$_n$，并将该 Cd MOF 膜与抗对硫离子抗体偶联，基于电化学阻抗谱（EIS）的变化构建对硫离子传感器。Peterson 等[51]报道了爆炸模拟剂基于 UiO-66-NH$_2$ MOF 的 2,6-二硝基甲苯 EIS 传感器。他们发现，MOF 与被分析物的官能团的相互作用会导致介电性质的改变，从而导致 EIS 的变化。Zhou 等[52]构建了癌胚抗原（CEA）敏感 EIS 适应传感器。他们制备了由 Cu MOF 和 Pt 纳米颗粒、CEA 适配体、hemin 和 GOx 组成的过氧化物酶样纳米复合材料。然后，纳米复合材料可以通过 CEA 与其适配体之间的反应固定在改性电极上。GOx 引发了 3,3-二氨基联苯胺（DAB）和葡萄糖的级联反应，产生 H$_2$O$_2$ 和沉淀。在这种情况下，该电化学探针 [Fe(CN)$_6$]$^{4-/3-}$的电子转移速率受阻降低，相关的 EIS 信号增强。信号增强是由于纳米复合材料的催化作用和级联反应（图 24）。

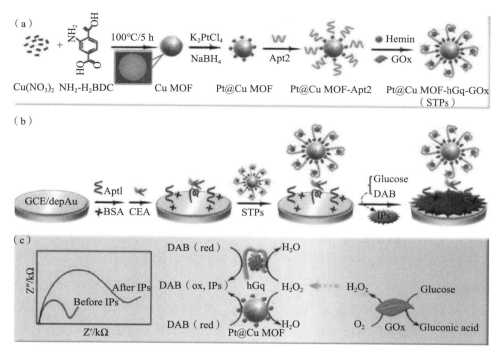

图 24 （a）制备 **Pt@Cu MOF-hGq-GOx** 纳米复合材料，（b）制备用于 **CEA** 的 **EIS** 传感器，（c）级联催化 **EIS** 扩增[52]

2015 年，Xu 等[53] 报道了第一个电化学发光（ECL）活性 Ru/Zn MOF 的例子。具有较高的 ECL 和高稳定性。高 ECL 是由于反应体系的快速电子转移造成的。详细研究了 ECL 的作用机制。随后，他们使用这些材料构建了血清样本中可卡因的 ECL 传感器。

Xiong 等[54] 将抗体和锌和三联体 (4,4-二羧酸2,2-联吡啶) 钌（Ⅱ）二氯化组成的 MOF 结合，构建开启 ECL 免疫传感器，用于检测 n 端前 b 型利钠肽（NT-proBNP）。MOF 可以增强 ECL 探针 $[Ru(dcbpy)_3]^{2+}$ 的负载，提高（NT-proBNP）特异性抗体的负载。Ma 等[55] 制备了基于强 ELC-环糊精的 Pb/MOF，并利用 MOF 还原 Ag^+ 获得许多 Ag 纳米颗粒。然后将制备的 Ag@Pb(Ⅱ)-β-CD 修饰到玻璃碳电极上，通过 Ag 纳米颗粒将 PSA 抗体固定到 Ag@Pb(Ⅱ)-β-CD 中。该传感平台可以实现 PSA 检测。

Zhang 等[56] 将 $Ru(bpy)_3^{2+}$ 封装在 UiO-67 MOF 中，形成 $Ru(bpy)_3^{2+}$/UiO-67，并使用 ECL 探针构建了基于竞争的己烯雌酚（DES）检测免疫传感器。ECL 传感器具有较高的抗干扰能力和较高的 DES 检测稳定性。返回基态时发生的发光过程。

Yan 等[57] 制备了一种含有 Au/Pt 纳米颗粒和 UiO-66 MOF 的纳米复合材料，构建了一个敏感和选择性的 ECL 传感器，用于蛋白激酶 A（PKA）活性检测和相应的抑制剂筛选。他们利用了 Au/Pt 纳米颗粒对 PKA 的双重催化和识别。在 ATP 存在的情况下，电极上的 PKA 被磷酸化，磷酸化的 PKA 可以与纳米复合材料通过 Zr—O—P 键产生的 UiO-66 缺陷。由于纳米复合材料具有较强的协同催化作用，该固定化探针可以增强 ECL 信号，并抑制这些纳米颗粒的聚集。

4.2.4 光电化学传感器

2013 年，Zhan[58] 的组采用自模板法制备了含有氧化锌和 ZIF-8 的纳米复合材料。纳米复合材料显示了垂直站立的阵列，如纳米管阵列和纳米管阵列。他们发现，ZnO@ZIF-8 纳米棒阵列对空穴清除者表现出不同的光电化学反应。H_2O_2 存在时的光电化学信号比 AA 存在时的光电化学信号要强烈得多，这可能与 ZIF-8 壳体的孔径和两种分子体的大小不同有关。然后利用 ZnO@ZIF-8 纳米棒阵列构建了一个光电化学 H_2O_2 传感器。Jin 等 [59] 溶剂热合成了二氧化钛修饰的 MOF，并将其固定在 GCE 上。结果表明，该改性电极具有较高的光电催化活性，可用于研制一种具有裂解作用的光电化学传感器。作者还详细研究了光电化学传感机理。他们发现玻璃碳电极传递激发电子使二氧化钛修饰的 MOF 表面留下带正电荷的空穴，这些空穴在 H_2O 存在下反应产生羟基自由基，这些自由基被切割快速捕获，以提高电荷分离效率。结果表明，光电流明显增强。2016 年，Zhang 等 [60] 利用四链基（4-羧基苯基）卟啉配体制备了 Zr 卟啉类 MOF，该配体作为一种光捕获物质发挥了作用。这些配体周围的氧和多巴胺可以丰富，因为其特殊的孔隙度和可调结构。因此，这导致了光电转换效率的提高。因此，我们使用 Zr 卟啉 MOF 构建一个无标记、敏感、选择性、关闭的光电化学传感器，用于检测磷蛋白 α-酪蛋白（图 25）。

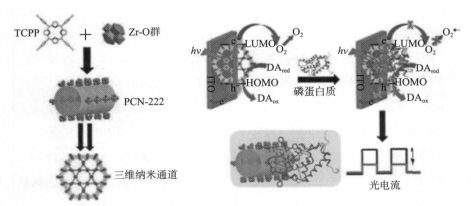

图 25 PCN-222 的制备及其在磷蛋白光电化学传感中的应用示意图 [60]

Wang 等 [61] 用 [Ru(bpy)$_3$]$^{2+}$ 合成了基于 Zr 的 UiO-66 MOF，然后将该材料固定在磷酸化肯普肽修饰的二氧化钛 /ITO 电极上。随后，他们发现 [Ru(bpy)$_3$]$^{2+}$ 的激发电子在可见光照射下可以进入二氧化钛导带产生光电流，从而将观察结果用于构建蛋白激酶活性的光电化学传感器。该传感器具有较高的灵敏度和高选择性，这是由于 MOF 的缺陷识别，以及 MOF 的大比表面积和高孔隙率。

4.2.5　生物化学传感器

生物医学应用：具有生物学重要性的分子的电化学传感用于快速准确定量生物分子的电化学传感器的研究不断增长，所有项目都集中在临床化学和医学领域的应用。在这方面，大多数创新的设计涉及使用纳米材料或无机材料与酶结合，以获得显示低检测限和高灵敏度的智能电化学传感器。一些 MOF 材料的例子已被用于有效地用于固定酶在电化学传感器中并提高其选择性。尽管酶基电极获得了优异的结果，但对于具有氧化还原活性行为的 MOF 复合材料和 MOF 衍生物在设计具有增强分析参数的非酶电化学传感器方面的适用性有着极大的兴趣。一些报道表明，MOF 材料对葡萄糖、H_2O_2、尿酸和 AA 具有电催化活性。

例如，MOF 可以作为固体载体来固定纳米颗粒并产生高导电性复合材料。在这方面，Liu[62] 报道了在 GCE 中使用 Ag NPs@Co-MOF 复合材料来创建一个非酶电化学传感器，即使在 AA、尿素和糖分子等强干扰下，它对葡萄糖也表现出高选择性。很明显，框架中 Ag NPs 的存在增加了 MOF 的电流强度。在没有葡萄糖的情况下，Co(Ⅲ)/Co(Ⅱ) 氧化还原在 +0.24 和 -0.55 V，在葡萄糖存在的情况下增加，表明对葡萄糖氧化具有中等的电化学催化活性。该电极的高分析性能显示其 LOD 和灵敏度分别为 1.32 μmol 和 0.135 μA/cm。CNT 也被用于非酶传感器的 MOF 复合材料的设计。CNT 具有良好的导电率和高表面积等特点，使其对 MOF 复合材料具有吸引力。不同的作者[63-65] 报道了 CNTs@MOF 复合材料在设计用以安培检测葡萄糖的电极中的使用。该传感器显示了微摩尔顺序的检测极限（0.4～4.6 μmol）和良好的选择性和灵敏度。与原始 MOF 得到的结果相比，CNT 的存在增强了 MOF 复合材料的电流强度。

4.2.6　H_2O_2 检测

H_2O_2 是一种小分子，在有机体的防御中起着重要的作用。然而，体内大量的存在会导致细胞增殖或阿尔茨海默病的损害。H_2O_2 也是通过氧化酶氧化葡萄糖而获得的副产品，可用于通过滴定法或荧光法间接定量葡萄糖。近年来，人们对间接电化学检测和定量的 H_2O_2 传感器的设计越来越感兴趣。大多数基于 MOF 的电化学传感器集中在葡萄糖或 H_2O_2 传感应用。然而，由于 MOF 的氧化还原活性特性，有一些报道是关于基于 MOF 的电化学物质用于定量重要的生物分子，如氨基酸、半胱氨酸、多巴胺、类固醇等。一个有趣的例子是基于复合 Pt NPs/MIL-101[66] 的电化学传感器，用于通过差分脉冲伏安法同时定量多巴胺、尿酸和黄嘌呤。在传感器中，MIL-101MOF 作为 MNPs 的宿主，有助于识别分子，而纳米颗粒增加了电导率，介导了 3 种分析物的氧化。另一个例子是用杂化复合材料 Ni-BDC/Au NPs/ 修饰 NACP 薄膜电极。

MOF 具有吸引人的特性，如高度可及的表面积、大孔隙率、可调节的孔径和内置的氧化还原活性金属位点。由于它们的高热稳定性和溶液稳定性，它们可以作为构建用于生化传感的可植入柔性设备的优秀候选者。然而，基于 MOF 的传感器大多只被报道用于体外化学传感，它们在植入式化学传感中的应用以及与柔性电子设备的结合以实现与组织和器官的出色机械兼容性却很少被总结，这些传感器可能有利于未来在个人医疗保健、疾病诊断和治疗以及各种生物过程的基础研究中的应用。在此，我们综述了基于 MOF 的生化传感器，并讨论了利用柔性电子器件与 MOF 集成的植入式生化传感的可行性。简要介绍了 MOF 的性质及其潜在机制，并系统地总结了不同的生化传感应用。基于柔性电子器件在植入式生化传感方面的优势、MOF 的力学性能以及相应的小型化策略，概述了与柔性基底集成的方法（图 26）[67]。首先是已经提供了在开发柔性 MOF 传感器时应解决的问题和潜在的解决方案，其次是柔性 MOF 传感器的未来应用前景。本文不仅提供全面审查的一般机制的生化传感，但也作为参考提供一般指南的发展灵活 MOF-based 的生化传感器可能有利于未来应用在个人保健、疾病诊断与治疗和各种生物过程的基础研究。

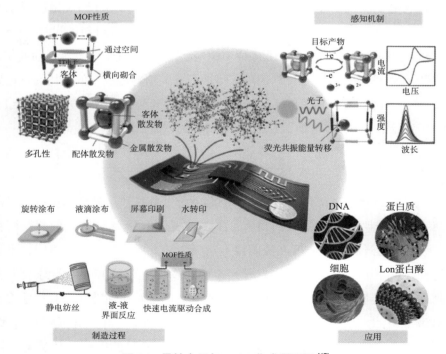

图 26　柔性电子与 MOF 集成原理图 [67]

4.3　光学传感器

由于其独特的发光特性，MOF 被广泛用作光学传感器。由 MOF 组成的光学传感装置具有快速响应、成本效益高、简单和便携的特点，可用于广泛领域，尤其是用于检测水环境中的重金属和有毒氧阴离子[68]。与其他光谱方法相比，光学传感技术的使用非常简单，不需要专门的仪器，因为结果可以用"肉眼"识别光学传感现象是被分析物的诱导颜色变化。根据光学传感器的转导机理，通常将光学传感器分为 3 种类型：可视化比色传感器、荧光传感器和化学发光传感器。因此，以下部分将介绍 3 种不同类型的光学传感器。

4.3.1　可视化传感器

2013 年，Liu 等[69]以 2-氨基对苯二甲酸和 $FeCl_3$ 为前驱体，在醋酸介质中合成了 Fe-MIL-88NH$_2$ MOF，并首次发现该 MOF 具有过氧化物酶的作用，可催化 H_2O_2 氧化 3,3′,5,5′-四甲基联苯胺（TMB），生成蓝色产物。随后，他们将 MOF 材料与葡萄糖氧化酶结合，构建了用于葡萄糖检测的灵敏比色传感器（图 27）。在此之后，许多研究人员利用 MOF 及其衍生材料的过氧化物酶样活性构建了各种比色传感器。Tan 等[70]通过一锅热分解铜基 MOF 前驱体制备了一种纳米复合材料（Cu NPs@C），该复合材料由分散在碳基体中的铜纳米颗粒组成。Cu NPs@C 还具有过氧化酶样活性，可催化 H_2O_2 与 TMB 的反应。由于这种 Cu NPs 表面不含稳定剂，可以获得 Cu NPs@C 对 H_2O_2 的较高亲和力。根据 AA 对 TMB 氧化的抑制作用，该材料可用于构建检测 AA 的比色猝灭传感器。Hou 等[71]利用磁性 ZIF-8 封装葡萄糖氧化酶，构建了基于纳米复合材料的葡萄糖比色传感器。此外，Dong 等[72]将钴纳米颗粒封装到 Fe MOF 衍生的磁性碳中，生成纳米复合材料，并发现该纳米复合材料具有比纯 Co NPs 和磁性碳强得多的过氧化物酶样活性。因此，他们将葡萄糖氧化酶与 Co NPs/MC 结合，构建了一个葡萄糖传感器。

Khalil 等[73]使用 UiO-66 容纳二乙基二硫代氨基甲酸酯（DDTC）发色团，并将获得的 DDTC/UiO-66 用于构建基于数字图像的 Cu^{2+} 检测比色传感器。在此之后，Zeng 等[74]以 Tb^{3+}/Eu^{3+} 和 1,4-苯二甲酸酯（BDC）为前体合成了双金属（Eu-Tb）镧系（Ln）MOF，用于环境水体中灵敏和选择性的 Pb^{2+} 现场检测。Li 等[75]进一步地合成了一种含有 Pt 纳米颗粒和 UiO-66-NH$_2$ 的复合材料，具有永久孔隙率、较强的热稳定性和较高的化学稳定性，并发现该材料具有较高的过氧化物酶样活性。然而，在 Hg^{2+} 存在时，由于 Hg^{2+}/Pt 纳米粒子的特异性相互作用，材料的过氧化物酶被抑制。因此，他们遵循原理实现了 Hg^{2+} 传感器的构建（图 28）。

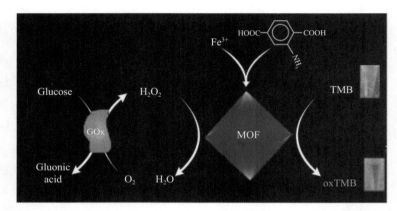

图 27　以 TMB 和 H_2O_2 为反应剂的 Fe-MIL-88NH₂ MOF 过氧化物酶样活性及其在葡萄糖传感中的应用示意图 [69]

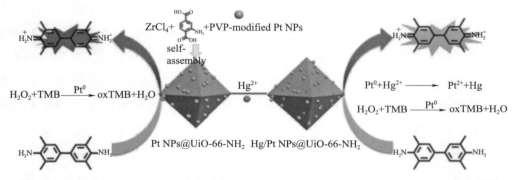

图 28　Pt NPs@UiO-66-NH₂ 纳米复合材料的合成，具有过氧化酶样活性，用于检测 Hg^{2+} [75]

最近，Wang 等 [76] 利用铈（Ⅲ）的部分氧化制备了具有氧化酶活性的混合价态铈基金属-有机框架（MVC-MOF），并证明了 MVC-MOF 的氧化酶活性可以被单链 DNA（ssDNA）抑制。然而在双链 DNA（dsDNA）的存在下，材料的氧化酶活性可以被完全阻止。根据这一原理，作者设计了一种 Hg^{2+} 特异性富胸腺嘧啶 ssDNA（T-ssDNA）与 MVC-MOF 结合，用于比色法检测 Hg^{2+}。Liu 等 [77] 利用具有高度稳定分层结构的多孔 MOF 固定酶，发现该材料提高了吸附能力，具有较强的抗 pH 变化能力。因此，他们将 3 种酶：葡萄糖氧化酶、尿酸酶和辣根过氧化物酶（HRP）与多孔 MOF 结合制备多酶传感器，用于检测葡萄糖和尿酸。此外，该传感器具有良好的灵敏度、高选择性和可回收性。

此外，Xiao 等 [78] 使用 MIL-101（Fe）型金属有机框架上的 dsDNA 和 G-四聚体 /

氯高铁血红素作为过氧化物酶模拟物，用瘦肉精特异性适配体标记的磁珠和互补 DNA（MB/Apt-cDNA）作为捕获探针，对瘦肉精进行比色检测。Dalapati 等[79] 制备了具有氧化酶样催化性能的 Ce MOF，发现半胱氨酸可以降低 MOF 的氧化酶样催化性能，从而促进了半胱氨酸比色传感器的构建。

4.3.2 荧光敏感器

在光学传感器中，荧光传感器以其高灵敏度、相对较好的选择性和快速性而受到大多数科学家的关注。2006 年，Wong 等[80] 设计并合成了以黏液酸、$TbCl_3$ 和三乙胺为前体的镧系黏液 MOF，发现 MOF 对 CO_3^{2-} 具有识别能力：阴离子和 CO_3^{2-} 的添加导致 MOF 荧光增强。基于这一原理，他们构建了一个二氧化碳荧光检测传感器（图 29）。

图 29 镧系 - 黏液酸 MOF 的制备及 CO_3^{2-} 荧光检测示意图[80]

2009 年，Lan 的团队[81] 合成了一种高亮度的 MOF，[Zn₂(4,4′-联苯二甲酸)₂-(1,2-联苯吡啶乙烯)]，并根据荧光氧化还原猝灭机制将该材料用于快速、可逆、灵敏的 2,4-二硝基甲苯（DNT）和 2,3-二甲基-2,3-二硝基丁烷（DMNB）传感。之后，Pramanik 等[82] 合成了一种高荧光 [Zn₂(oba)₂(bpy)]₃ DMA MOF，发现带有吸电子基团的芳香族化合物猝灭了其荧光，而带有给电子基团者增强了其荧光。然后通过基于 [Zn₂(oba)₂(bpy)]₃ DMA MOF 的荧光传感器测定不同的芳香化合物。传感机理是通过分子轨道和电子能带结构计算以及电化学测量进行电子转移的结果。再后来，Yang 等[83] 以 Al^{3+} 和 1,4-苯二甲酸为前驱体制备了荧光 MIL-53(Al)MOF，并发现当添加 Fe^{3+} 时，MIL-53。然后，他们成功地制造了一种用于检测 Fe^{3+} 的荧光传感器。

Li 等[84] 从 (M3)ₓ SBU 设计并制备了两个含有配位 CUS 的簇。这两个团簇可以选择性吸附 CO_2，添加 Ba^{2+} 和 Cu^{2+} 离子可以显著增强或熄灭其荧光。随后，他们构建了检测 Ba^{2+} 和 Cu^{2+} 的荧光传感器。他们发现，Cu^{2+} 的荧光猝灭源于 Cu^{2+} 与框架孔隙中 $[NH_2(CH_4)_2]^+$ 的阳离子交换，Ba^{2+} 的荧光增强归因于 Ba^{2+} 的强结合和 BTC 中不协调的羰基氧、合适的 Ba^{2+} 离子半径以及特定溶剂的适当配位能力。

Gole 等[85]选择带有芳香标记的配体来合成富电子的 MOF，然后发现荧光 MOF 可以选择性和灵敏地猝灭爆炸性硝基芳香化合物，这是构建用于检测爆炸性硝基芳化合物的荧光传感器的基础。在此基础上，Liu 等[86]构建了用于检测炸药的荧光 MOF 传感器，并使用量子理论计算、周期晶体模型、簇模型和荧光光谱详细研究了传感机制。他们指出，爆炸物通过 π—π 堆积和氢键结合到 MOF 上，这有助于分子间电子从 MOF 的导带转移到炸药的 LUMO，导致显著的荧光猝灭。Yu 等[87]实现了使用两个 Zn(Ⅱ) MOF 检测硝基芳香化合物和金属离子，即 $Zn_3L_3(DMA)_2(H_2O)_3$ 和 $Zn_3L(DMF)_2$（L 代表 4,4′-二苯乙烯二甲酸）。他们发现，这两个 MOF 对硝基苯胺和 Fe^{3+} 表现出高度敏感和选择性的荧光猝灭，第一个 MOF 也对 Al^{3+} 显示出荧光猝灭。

如图 30 所示，Yang 等[88]使用极性三氮季铵化羧酸配体和 4,4′-二吡啶硫配体合成了 Cu MOF，并发现 MOF 可以通过静电、π—π 堆叠和 / 或氢键相互作用与两个羧基荧光素标记的 ssDNA 相互作用，从而导致光诱导电子转移荧光猝灭。

图 30　羧基荧光素标记单链 DNA 联合 Cu MOF 检测苏丹病毒 RNA 示意图[88]

然后，该团队将传感原理用于检测更长的 HIV ds DNA 或苏丹病毒 RNA 序列。之后，Tan 等[89]使用热分解方法处理 Fe MOF（MIL-88A），以获得含有磁性碳的衍生多孔材料，并遵循 Yang 原理构建用于 ssDNA 检测的荧光传感器（图 31）。

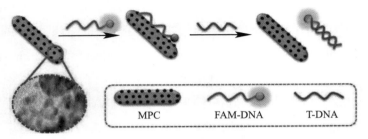

图 31　基于磁性多孔碳纳米复合材料的靶 T-DNA 荧光检测[91]

结果表明，该传感器背景信号低，灵敏度高，选择性好，甚至可以区分单核苷酸错配核苷酸。Sun 等[90]利用 Fe-MIL-88 MOF 和 H_2O_2 构建了一个用于检测生物硫醇的

"开启"荧光传感平台。他们发现 Fe-MIL-88 和 H_2O_2 显示出微弱的荧光，但添加生物硫醇显著增强了荧光。为了解释这种荧光传感机制，作者通过各种分析技术证明，生物硫醇通过氢键和静电力与 Fe-MIL-88 结合，然后生物硫醇将 Fe-MIL-88 中的 Fe^{3+} 还原为 Fe^{2+}，从而通过 Fenton 反应催化 H_2O_2 的分解。Fenton 反应进一步产生的·OH 自由基将对苯二甲酸配体氧化为高荧光产物，导致荧光增强。

Wu 等[91] 报道了一种富含 T 的 FAM 标记的 ssDNA 和 UiO-66-NH_2 MOF 的杂交，可用于 Hg^{2+} 的荧光传感。富含 T 的 FAM 标记的 ssDNA 可以通过 π—π 堆叠和 UiO-66-NH_2 MOF 中 DNA 碱基与芳香族有机连接物之间的氢键相互作用与 UiO-66-NH_2 MOF 结合。这种相互作用使 FAM 部分接近 UiO-66-NH_2 MOF 的表面，因此，FAM 的荧光经历了光诱导能量转移猝灭过程。然而，Hg^{2+} 的加入使富含 T FAM 标记的 ssDNA 从随机卷曲结构转变为发夹结构，导致荧光恢复。

Yang 等[92] 溶剂热合成了 Zn MOF 和 Cd MOF，并通过单晶 XRD、红外光谱和元素分析对其结构进行了表征。他们发现这些 MOF 具有较高的热稳定性、良好的水解稳定性和强荧光性，可用于构建 H_2S 荧光猝灭传感器。Ji 等[93] 将 Zn^{2+} 与配体 4,4′,4″-[(1,3,5-三嗪-2,4,6-三基) 三 (磺胺二基)] 三苯甲酸自组装到微孔 MOF，$\{[Zn_4(L^{3-})_2(O^{2-})(H_2O)_2]\cdot 4EtOH\}_n$。然后，他们将 Tb^{3+} 封装到 Zn MOF 中，以产生 Tb@Zn-MOF 纳米复合材料具有较高的化学稳定性和较强的荧光性。因此，他们构建了一个基于 Tb@Zn-MOF 的荧光传感器用于检测水溶液和活细胞缓冲溶液中的磷酸盐，响应时间快，检测限低。

Li 等[94] 基于含对苯二酚基团的 Mg MOF（SNNU-88）开发了 $NH_3\cdot H_2O$ 荧光传感器。由于 2,5-二羟基对苯二甲酸（DHBDC）配体的氧化还原性质和孔径的结合，传感器显示出快速响应、高灵敏度、良好的选择性和长效的可重复使用性。传感机制归因于分子内激发态 DHBDC 中的质子转移过程。2018 年，Zhao 等[95] 将 RhB 纳入铜 BTC MOF，形成 RhB@Cu-BTC 通过原位合成策略，发现含有巯基的氨基酸，L-半胱氨酸，可以诱导 RhB@Cu-BTC 框架，并发布荧光 RhB（图 32）。基于这一原理，成功地研制了一种硫醇型氨基酸敏感开启荧光传感器。

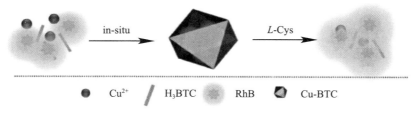

图 32 使用原位法（in-situ）合成的 L-半胱氨酸（L-Cys）荧光传感器 RhB@Cu-BTC[95]

双信号比率传感器通常优于单信号传感器，因为两个信号的比率可以对内在或外在因素进行自参考校正，从而提高传感精度和灵敏度。Lu 等[96]采用后合成方法制备了具有两种不同颜色发射的含 Eu^{3+} 的 MOF-253，并利用这两种信号的比率来构建比例荧光 pH 传感器。随后，许多研究人员构建了各种比率荧光传感器，用于检测磷酸盐、Hg^{2+}、2,4,6-三硝基苯酚、H_2S、F^-，D_2O、6-巯基嘌呤、炭疽芽孢生物和温度。

4.3.3 化学发光传感器

除了比色传感器和荧光传感器外，许多研究人员最近还研究了基于 MOF 及其衍生材料的化学发光传感器。2015 年，Zhu 等[97]首次发现，由于 Cu BTC 表面的自由基生成和电子转移过程，鲁米诺-H_2O_2 系统的化学发光反应可以在 Cu BTC（HKUST-1）存在下催化。然而，多巴胺的加入抑制了系统的化学发光，因此，他们构建了一种检测多巴胺的化学发光传感器。在这之后，Luo 等[98]将氯化血红素嵌入到 HKUST-1 MOF 材料中，发现复合物保持了氯化血红素的催化活性，在中性条件下可以作为模拟过氧化物酶回收（图 33）。

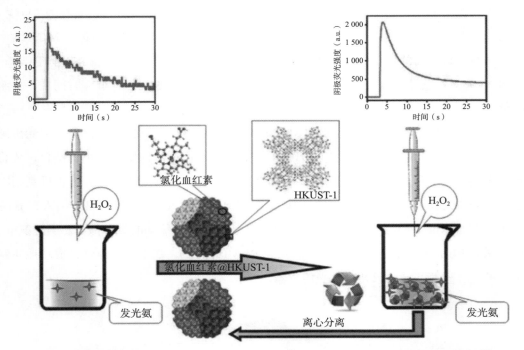

图 33 用于检测 H_2O_2 的氯化血红素（Hemin）@HKUST-1 基化学发光传感器的构建[98]

他们利用类似过氧化物酶的物质建立了 H_2O_2 和葡萄糖的化学发光传感器。同时，Yang 等[99]发现，与 Cu MOF 类似，Co MOF 材料也可以催化鲁米诺-H_2O_2 系统的化学发光反应，因为氧相关自由基和 Co MOF 材料之间形成过氧化物类似络合物。根据化学发光系统，他们建立了检测 L- 半胱氨酸的传感器。后来，Zhu[100] 的小组注意到，含有氧化石墨烯（GO）和 HKUST-1 的复合物可以显著提高鲁米诺和 H_2O_2 之间的催化化学发光，AA 的添加降低了系统的化学发光。化学发光猝灭法可用于商业食品和果汁中 AA 的检测。此外，Zhou 等 [101] 使用 Fe-MIL-88B-NH_2 MOF 纳米粒子标记抗体，并使用标记抗体捕获分析物甲胎蛋白（AFP）。随后，将 Fe-MIL-88B-NH_2 NPs 标记抗体溶解在盐酸中以释放 Fe^{3+}，可通过鲁米诺-H_2O_2 化学发光系统进行灵敏和选择性检测。

4.4 纳米酶催化传感器

纳米酶是一种模拟酶催化活性的纳米材料，在生物传感器、生物医学、气候和生态系统管理等领域引起了广泛的关注。2007 年，Gao 等 [102] 发现磁性 Fe_3O_4 纳米材料具有类似过氧化物酶的活性。自那时以来，纳米酶引起了极大的关注，并报道了数百种具有酶样活性的纳米材料。Vernekar 等 [103] 发现 V_2O_5 具有谷胱甘肽过氧化物样活性；Korsvik 等 [104] 和 Pirmohamed 等 [105] 发现了具有过氧化氢酶（CAT）和超氧化物歧化酶性质的 CeO_2。2013 年之前，Wei 等 [106] 将纳米酶定义为具有酶活性的纳米材料。

纳米酶继承了天然酶高催化活性的优点，与易失活、成本高、难以制备和储存的天然酶相比，还具有经济性、超稳定性、大规模生产、多功能和出色的环境耐受性等固有特性。这些纳米酶在一系列领域有着广泛的应用前景，包括生物传感、免疫分析、检测生物分子，如 DNA、蛋白质、细胞和葡萄糖等小分子。

最近，许多有机和无机材料被认为是酶模拟物。Zhang 等 [107] 的综述也探讨了在 MOF 中创建高度选择性催化囊和扩散偏好的层级结构的潜力。基于 MOF 的纳米酶被认为在实现目标分析物检测的高灵敏度方面具有巨大潜力（如最常见的检测目标物质 H_2O_2），因为它们具有很高的催化活性和最丰富的氧化还原位点。然而，这些纳米材料对 H_2O_2 的亲和力较低，而米氏常数（K_m）值相对较高。此外，这些材料的分离非常复杂，主要涉及离心和过滤程序。为了克服这些问题，Khalil 等 [73] 引入了具有类似过氧化物酶性质的强磁性 ZIF-8(mZIF-8)。为了准备核-壳结构的 mZIF-8，将柠檬酸盐涂层的 Fe_3O_4 与锌和 2-甲基咪唑的醇溶液进行混合。mZIF-8 的过氧化物酶样活性通过邻苯二胺（OPD）在 H_2O_2 存在下氧化生成橙色产物来验证。在最佳条件下，在 1.2 μmol 到 0.1 mmol 的 H_2O_2 浓度范围内，OPD 的氧化随着浓度的线性增加而增强。这表明在较宽的 H_2O_2 范围内，对 mZIF-8 的过氧化物酶样活性没有影响。在动力学研究中，发现

以 H_2O_2 为底物的 mZIF-8 的 K_m 值低于 HRP，表明 mZIF-18 对 H_2O_2 的亲和力更强。

最近，将过渡 MNPs 封装到碳或非金属杂原子掺杂碳材料中受到了越来越多的关注，因为碳层可以帮助保护 MNPs 并防止其与相邻纳米粒子团聚。Zeng 等[74] 意识到了将钴纳米颗粒（CoNPs）封装到 NH_2-MIL-88(Fe)MOF 衍生的磁性碳（MC）中作为模拟过氧化物酶活性的酶的潜力。通过 NH_2-MIL-88 碳化，然后用硼酸钠原位还原 Co^{2+} 制备了 Co NPs/MC 复合材料。这种磁性 MOF 的过氧化物酶样活性归因于 H_2O_2 高效分解形成活性氧，进而与显色剂如 3,3′,5,5′-四甲基联苯胺（TMB）产生反应。pH 值和温度对纳米材料的过氧化物酶样活性没有影响，表明纳米酶是一种很有前景的候选酶。CoNPs/MC 的高过氧化物酶样活性可以被成功地应用于生物传感检测血清中葡萄糖。磁性 MOF 在 0.25～30 μmol 的葡萄糖范围内呈线性关系。另外，它在生物传感系统中对葡萄糖检测也具有高选择性。

Wu 等[108] 报道了另一个模拟酶的概念。他们合成了基于铁的 Fe_3O_4@MIL-100，其具有显著的过氧化物酶样活性，可用于胆固醇的比色检测。在检测过程中，胆固醇被胆固醇氧化酶氧化，在有氧的情况下产生 H_2O_2。H_2O_2 的浓度通过转换后 TMB 的颜色变化测量（图 34）。它与胆固醇浓度在 2～50 μmol 范围内呈线性相关，检出限为 0.8 μmol。

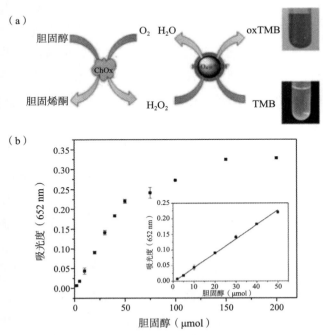

图 34 （a）使用胆固醇氧化酶和磁性 MIL-100(Fe) 比色法检测胆固醇的示意图，（b）对应于胆固醇浓度的校准图[108]

此外，催化体系对胆固醇具有高选择性和重复使用性，可用于血清中胆固醇的测定。由于基于纳米酶的磁性 MOF 材料本质上是异质的，将其与均质催化剂（可溶性酶）结合将提供补充手段，以解决酶的一些固有缺陷，如稳定性低、难以回收重复使用等特征 [109]。

4.5 场效应晶体管传感器

场效应晶体管（FET）传感器由源极和漏极组成，两个电极均与半导体层保持接触，电荷密度由半导体和栅电极之间施加的电场控制。过去几年来，许多 MOF 及其衍生材料的场效应晶体管传感器在实际应用中得到了发展。Iskierko 等 [110] 在 MOF-5 存在环境下开发了一种 MIP 膜，并使用该材料构建场效应晶体管传感器，以检测重组人中性粒细胞明胶酶相关脂质钙蛋白（图 35）。制备的 MIP 膜对 NGAL 蛋白具有较高的识别能力和灵敏度。另外，Surya 等 [111] 制备了一种纳米复合材料，由 MOF 和噻吩侧翼加成的二酮吡咯与噻吩-乙烯撑-噻吩的共聚物组成，以构建一种具有灵敏性与选择性的 FET 传感器，用于检测爆炸性分析物，如 2,4,6-三硝基甲苯、硝基苯、二硝基苯、1,3,5-三硝基-1,3,5-三氮环己烷和硝基甲烷等。

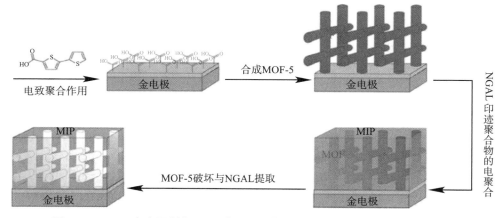

图 35　MOF-5 存在下制备 MIP 膜，用于构建基于 FET 的 NGAL 传感器 [112]

Jang 等 [112] 将 HKUST-1 MOF 引入半导体层，并将该材料与聚 (3-己基噻吩-2,5-二基)（P3HT）结合，构建用于检测水的 FET 湿度传感器。HKUST-1/P3HT 复合材料具有良好的气体捕获能力和孔隙率，因此，显现出较高的灵敏度。此外，该传感器还有响应速度快与可回收利用的优势。这之后，Gardner 等 [113] 证明了 MOF 材料用于调节化学吸附的选择性和功函数转移的能力。他们分别将 3 种不同的 MOF 材料用于基于

FET 原理的传感器来检测水分子、NO_2 和 NH_3。另外，Wang 等 [114] 开发了一种通过原位生长 $Ni_3(HITP)_2$ 膜作为 FET 通道材料构建 Ni-MOF FET 的有效方法。其制备的薄膜具有面积大、致密、均匀的优点，且控制反应时间可以调节 MOF-FET 薄膜的厚度和密度。Ni-MOF 场效应管可成功用于开发葡萄糖酸检测传感器。

4.6 质量敏感传感器

质量是所有被分析物最基本的特性之一。基于这一优势，许多研究人员将注意力集中在质量感应传感器的开发上。基于 MOF 及其衍生材料的质量敏感传感器可分为两类：石英晶体微天平（QCM）传感器和压电传感器。

2011 年，Si 等 [115] 用一种简单的方法合成了胺修饰的微孔 MOF，CAU-1，发现该材料对甲醇具有很强的吸附能力。随后，他们构建了一个甲醇 QCM 传感器。Meilikhov 等 [116] 用二羧酸配体合成了异质非中心对称二元双面 MOF，[Cu_2(二甲酸)$_2$(三乙烯二胺)]$_n$，发现其表面功能强烈影响分析物亲和力，可以选择性吸附极性的甲醇小分子。因此，他们认为非均匀 MOF 可以用于设计调制传感性能的涂层。之后，Hou 等 [117] 合成了一种新的 MOF，[$Cu_4(OH)_2(tci)_2(bpy)_2$]·$11H_2O$，构建了一种对甲醇、乙醇、丙酮、乙腈等小分子有敏感性、选择性的 QCM 传感器。与此同时，Wannapaiboon 等 [118] 利用液相外延生长策略制备了具有分层结构的 Zn MOF，并利用该材料构建了基于 QCM 的选择性醇类 / 甲醇传感器。

Jiao 等 [119] 溶剂热合成了一种混合价 Cu I/Cu II MOF，并利用 QCM 技术构建了水传感器。同期，Zhou 等 [120] 合成了一种 Cu MOF，[$Cu_3L_2(H_2O)_{2.75}$]·$0.75H_2O$·1.75DMA [L=4-(2-羧基苯氧基)-异丙酸，DMA = 二甲基乙酰胺]，同样利用 QCM 技术构建了一种湿度传感器。

Xu 等 [121] 将 Al(OH)(1,4-NDC) 纳米级 MOF 修饰到 QCM 表面，并使用改进的传感平台检测吡啶。他们通过密度泛函理论计算证明，吡啶传感器的选择性是由于 MOF 对吡啶的结合能更大，且吡啶的质量大于水分子。随后，Tchalala 等 [122] 利用氟化 MOF 选择性地去除和感知 SO_2，发现 KAUST-7(NbOFFIVE-1-Ni) 和 KAUST-8(AlFFIVE-1-Ni)MOF 对 SO_2 具有较高的亲和力。然后，他们利用 QCM 实现了 SO_2 的检测。同时，Abuzalat 等 [123] 使用 Cu-BTC/ 聚苯胺（PANI）纳米复合材料构建了一种基于 QCM 的氢传感器。另外，Haghighi 等 [124] 利用 MIL-101(Cr)MOF 构建了一种基于 QCM 的吡啶检测传感器。

2012 年，Wen 等 [125] 利用溶剂热合成法制备了一种新的 MOF，即 [$Mn_5(NH_2bdc)_5$

(bimb)₅·(H₂O)₀.₅]ₙ[bimb =4,4-双(1-咪唑基)联苯],发现 MOF 材料具有典型的铁电行为,表明 MOF 材料有潜力应用于压电传感器的构建。

4.7　传感检测与分析应用

4.7.1　农药

随着当今农业产业化的发展,在提高农作物产量和防治病虫害的过程中农药发挥着非常重要的作用。农产品中农药含量的超标会对农产品的进出口贸易产生严重影响,为了维护人民健康,世界各国对农作物中的农药残留含量做出了相关规定。

Cui 等[126]采用乙酰胆碱酯酶(AChE)吸附壳聚糖、TiO₂ 溶胶-凝胶法和还原法,研制了一种高稳定性的电化学乙酰胆碱酯酶(AChE)生物传感器用于检测有机磷农药,乙酰胆碱酯酶能够催化 ATC1 产生硫代胆碱(TCl),在农药存在的情况下,农药抑制酶的催化导致相应电信号的变化,该酶传感器检测敌敌畏的线性范围为 0.036~22.6 µmol,检测限为 29 nmol,总检测时间约为 25 min。ZnS 和 CoS 等金属硫化物因其低成本、高电化学稳定性和高催化性能而被应用于光催化、生物传感、锂电池和超级电容器[127]。Duan 等报道了 MOF 改性 ZnS/CoS 复合材料和 MIPs 在氯酮为模板分子存在下,通过吡咯电聚合制备而成。本研究是首次报道使用多金属复合材料和 MOF 基 MIPs 检测有机氯农药氯酮。该传感器经过验证,可以高精度地测定农产品和环境样品中的氯酮。

此外,Bala 等[128]构建了基于肽和核酸适配体的生物传感器检测马拉硫磷。如图 36 所示,肽用来比色,当肽与适配体连接时,该肽不会束缚金纳米粒子,因此,溶液呈现纳米金离子红色;当适配体与马拉硫磷结合时,该肽会引起纳米颗粒的聚集使悬浮液变成蓝色。该方法利用金纳米粒子的光学变化用于马拉硫磷的比色检测,在 0.01~0.75 nmol 范围内是线性的,检出限为 1.94 pmol。由于生物传感器操作程序简单、检测时间短,有望在实际应用中实现现场实时检测。

Yang 等[129]采用了将 Zr 基 MOF 与 GO 相结合的方法,实施了另一种促进对常见有机磷农药(即草甘膦)吸附的策略。由此,MOF/GO 复合物在 pH 值为 4 时获得 482.69 mg/g 的吸附容量。该复合物能够通过 Zr-O-P 在 941 cm⁻¹ 处的 FTIR 光谱中识别的化学相互作用吸附草甘膦,该化学相互作用出现在 MOF/GO 与草甘膦的相互作用之后,并在 1 157 cm⁻¹ 和 1 075 cm⁻¹ 处分别地出现 P=O 和 P—O 峰。

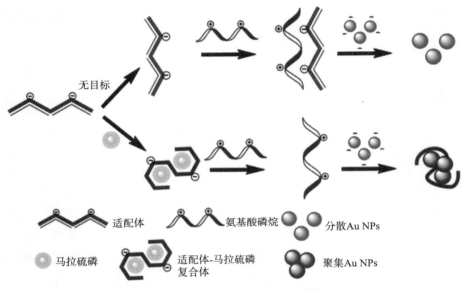

图36　检测马拉硫磷原理图 [128]

Li 等 [130] 设计了一种基于 Au NCs 的免疫传感器，用于评估吡虫啉的浓度。在本研究中，通过 FRET，带正电荷的 CoOOH NSs 猝灭了带负电荷的 Au NCs 的荧光。在碱性条件下，由 CoCl$_2$ 合成了直径为 75 nm 的六边形 CoOOH 纳米片。AA 的加入导致 CoOOH NSs 分解，因为 AA 中的烯二醇基团与 CoOOH 发生 ORR，释放 Co^{2+}，导致 Au NCs 的荧光强度恢复。碱性磷酸酶催化特定磷酸盐（即 L- 抗坏血酸-2-磷酸盐）水解形成抗坏血酸酶。在装有吡虫啉的微量滴定板上，抗吡虫啉抗体被固定，与更多碱性磷酸盐标记的抗体结合。因此，溶液中形成了更多的 AA 以降解 CoOOH NSs，这增强了溶液中的荧光强度。该荧光生物传感器的检测限为 0.10 mg/L，浓度范围为 0.10～50.00 μg/L 用于吡虫啉检测。此外，该生物传感器用于检测几种提取的农产品样品（包括大米和苹果）中的吡虫啉，回收率为 96.4%～107.4%，RSD 低于 5.5%。

4.7.2　兽药

随着人们对于肉制品需求的不断提升，养殖畜牧业呈现规模现代化，使用抗生素、维生素等兽药制品，成为肉类农产品发展中不可缺少的一环。目前养殖业中滥用药物的现象普遍存在，其中以抗生素类、镇静剂类和肾上腺素等受体阻断剂残留危害较为严重，滥用兽药的直接后果是导致兽药在动物农产品中的残留，长期食用可在人体内产生累积效应，对大脑、肾脏、肝脏以及神经系统产生潜在危害，进而越来越引起人们的关注与重视。Saisahas 等 [131] 开发了一种便携式电化学传感器，通过吸附溶出伏安法（AdSV）测定加标饮料中的甲苯噻嗪。该传感器基于石墨烯纳米片（GNPs）修饰的丝网印刷碳电极（GNP/SPCE）。甲苯噻嗪在 GNPs/SPCE 上的电化学行为为吸附控制的不可逆氧化反应。优化了 GNPs 在修饰 SPCE 上的负载量、电解质 pH 值和 AdSV 积累电位和时间。在最佳条件下，GNP/SPCE 提供了高灵敏度，线性范围为 0.4～6.0 mg/L（$r = 0.997$）和 6.0～80.0 mg/L（$r = 0.998$），检测限为 0.1 mg/L 定量限为 0.4 mg/L，重复性很好。通过在 1.0 mg/L、5.0 mg/L 和 10.0 mg/L 下加标 6 个饮料样品来研究所提出的传感器的准确性。该方法的回收率范围为（80.8 ± 0.2）%～（108.1 ± 0.3）%，表明所开发的传感器具有良好的精度。这种便携式电化学传感器可用于筛查饮料样品中的甲苯噻嗪，作为性侵犯或抢劫案件的证据[131]。

Luo 等[132] 报道了使用金纳米颗粒的比色传感器特异性检测鲜牛奶中四环素，利用吸光度变化与待测物浓度之间的线性关系，检测限在 3.9×10^{-5} g/L，低于欧盟（225 nmol）和我国（100 μg/kg）的限量值。该方法在生鲜乳样品检测中应用，回收率 91.28%～100.87%；此外，Ramezani 等[133] 构建了基于核酸外切酶Ⅲ和金纳米颗粒的催化再循环的荧光适配体传感器检测卡那霉素，该传感器对氨基糖苷类抗生素（包括卡那霉素和庆大霉素）的选择性较高，检测限低至 437 pmol。

Nie 等[134] 描述了一种新开发的化学发光光纤免疫传感器（OFIS），其检测范围可调节，用于牛奶样品中浓度相差很大的兽药残留物的多重分析。光纤探针既用作生物识别元件的载体，又用作换能器，可实现低成本的紧凑型设计，从而使该系统适用于经济高效的目标分析物现场检测。重要的是，光纤传感区域的长度调制和光纤数量之间的协同作用允许在从 pg/mL 到 μg/mL 分析物浓度的可调检测范围内以易于控制的方式执行多重免疫分析。通过将光纤传感器与纳米复合信号放大系统结合在一起，证明了一种高灵敏度的化学发光 OFIS 系统可用于牛奶样品中兽药残留的多重分析，其中氯霉素的线性范围为 10～（2×10^4）pg/mL，磺胺嘧啶的线性范围 0.5～500 ng/mL，新霉素的线性范围 0.1～300 μg/mL。这种基于纤维探针调制的可控制策略为低丰度和高丰度目标的多重定量检测提供了一个通用平台，在食品安全现场测试中显示出巨大的潜力。

4.7.3 真菌毒素

Li 等[135] 基于等离子体 $Cu_{2-x}Se$ 纳米晶体检测 AFB1。如图 37 所示，脂质体用于负载 $Cu_{2-x}Se$ 纳米晶体（平均尺寸 12.8 nm）以形成光热软纳米球，其涂覆有 AFB1 适体层。然后，用光热软纳米球上的适体和 96 孔板底部的捕获抗体构成 AFB1 夹层结构，以实现 AFB1 检测，在优化条件下，$Cu_{2-x}Se$ 纳米晶体的免疫传感器显示出检测 1.00～30.00 μg/L，检测限为 0.19 μg/L。

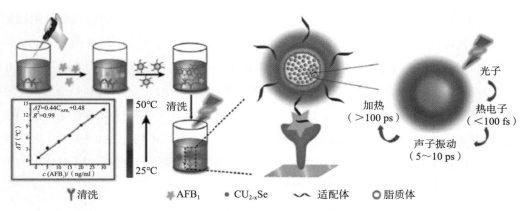

图 37　AFB1 检测原理示意图[135]

　　同样，He 等[136] 基于 MNPs 和 UCNPs 的组合设计了荧光竞争性适配体传感器。通过共沉淀法合成 MNP，并根据热分解程序生产 UCNP。如图 38 所示，在没有 T-2 毒素的情况下，与 UCNP 缀合的 T-2 适体与 DNAMNP 结合为双链结构，产生高荧光强度。在 T-2 毒素存在的情况下，其适配体将与互补 DNA（cDNA）分离，以结合 T-2 毒素并形成三维干环结构。这将释放 UCNP，导致信号强度降低。在优化的条件下，这种竞争性生物传感器具有极低的 LOD 和高线性相关性。最近，开发了一种使用 N-Cu-MOF 的电化学适体传感器，用于快速检测脱氧雪腐镰刀菌烯醇。具有高比表面积的多功能 N-Cu-MOF 纳米结构既可以用作操作支撑基底，也可以用作灵敏的电信号探针。在优化的实验条件下，所提出的探针可以成功用于实际小麦样品中霉菌毒素的快速检测，具有高选择性、低检测限和良好的重现性[137]。

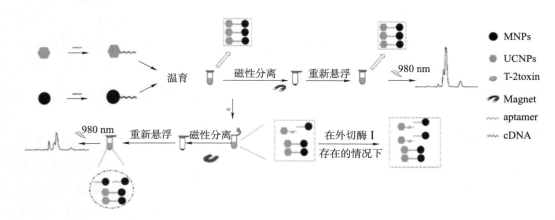

图 38　T-2 毒素检测原理示意图[136]

　　He 等[138] 利用 UiO-66，一种用于稳定特定分子的 MOF，作为一种敏感的 PAT 适配体传感器。将 Au NPs 电沉积在 ZnO 纳米材料涂覆的电极表面上，然后通过 Au-S

键连接 PAT 适体的互补单链 DNA。制备的 MOF（UiO-66）显示出约 70 nm 的大而均匀的粒径以及良好的分散性。然后将染料分子亚甲基蓝 MB 与 UiO-66 共轭。以这种方式，将 MB 的氧化电流用作校准参数。在没有 PAT 的情况下 UiO-66@MeB-conjugatedPAT 特异性 aptamer 有望与电极表面的 cDNA 结合。添加 PAT 后，PAT 适体将与适体 cDNA 分离，并释放 UiO66@MB 导致 MB 的氧化电流降低。该适体传感器提供了 14.60 pg/L 的超低 LOD，线性范围为 $50.00 \sim 5.00 \times 10^8$ pg/L。此外，在 4℃储存 10 d 后，表明该纳米材料使生物传感器具有高稳定性。在去除碳水化合物和蛋白质后的处理过的苹果汁加标样品中，生物传感器显示出 92.2%～96.8% 的良好回收率。

Zhu 等 [139] 开发了一种用于双霉菌毒素检测的比色生物传感器。基于 Fe_3O_4/GO 的 AFB_1 检测平台和基于 $Fe_3O_4@Au$ 的曲霉毒素 A（OTA）检测平台。OTA 和 AFB_1 的定量分别通过在碱性条件下释放百里酚酞和在酸性条件下用 Au NPs 催化 3,3,5,5,5′-四甲基联苯胺来实现。由于条件不同，两种传感方法不会互相干扰，但可以提供更高的检测效率。AFB_1 的检测范围是 5～250 ng/mL，OTA 的检测范围是 0.5～80 ng/mL。该生物传感器已成功应用于实际样品检测中，在食品安全领域具有广阔的应用前景。

4.7.4　重金属

重金属离子是目前最令人担忧的水污染物，也是整个环境的污染物，因为它是一种不可生物降解的物质，造成严重的破坏。一些重金属离子，包括 Pb、Cu、Hg、Cd、Cr 和 As，是一些高浓度有毒元素，即使在 1 min 或微量存在也会对人体健康造成危害。因此，利用 MOF 连接传感器测定水中重金属离子具有高度的针对性和重要意义。用水热法在水性条件下制备了一种含有 Yb 稀土金属芯和 BTC 配体的新型纳米级 MOF 材料（Yb-MOF）。结果表明，合成材料的高孔结构，比有效面积可达 1 166 m^2/g。然后，通过将 Yb-MOF 滴铸到玻璃碳电极上来构建传感平台，以检测水源中两种最常见的重金属离子污染物 Cd^{2+} 和 Pb^{2+}。Yb-MOF 的纳米多孔结构对目标金属离子的选择性预富集非常有利。检测限估计为 3.0 μg/kg，Cd^{2+} 的检测限为 1.6 μg/kg[140]。检测汞离子（Hg^{2+}）至关重要，因为它是毒性最大的物质，对动物和人类的健康危害最大。基于 Hg^{2+} 的物质具有高度毒性，对人体健康的风险更大。为了克服这一挑战，防止对人类造成损害，需要一种快速有效的战略，以高度选择性的方式检测汞离子的存在。据报告 [141]，Ru-MOF 与发光的 $Ru(bpy)_2^{3+}$ 结合使用，并且为结合汞离子提供了极好的传感器和吸附剂。通常，Ru-MOF 在水溶液中沉淀为黄色粉末，在紫外光下会发出红色，但在 Hg^{2+} 存在下，Ru-MOF 会被 Hg^{2+} 离子快速分解，并能够向水中释放大量发光客体分子，即 $Ru(bpy)_2^{3+}$ 由于荧光或电化学发光产生强大的信号。传感器的有效工作取决于 Hg^{2+} 的浓度，并在 25 pmol～50 nmol 范围内显示出优异的结果。金属离子存在于生态系统中，对生态系统有重要影响。因此，在工业过程、医疗诊断和环境监测中，构建金属离子检测传感器是必要的。2015 年，Gao 等[142] 合成了一种耐热的镁金属-有机框架（Mg-MOF），发现材料中存在许多含有非配位氮原子的纳米孔，适合承载 Eu^{3+} 离子。基于 Eu^{3+} 和 Mg MOF 之间的能级匹配和能量转移，他们构建了一种用于检测 Eu^{3+} 离子的灵敏传感器。

Zhang 等[143] 创建了一种新的核壳纳米结构 Fe-MOF@mFe₃O₄@mC 具有内腔和用于入射的有序介孔开口结构。将开发的核壳连接到多孔结构适体序列上，用于重金属检测（Pb^{2+} 和 As^{3+}）。涉及生物传感器制造的步骤，包括制备 Fe-MOF@mFe₃O₄@mC、适体的固定化以及 Pb^{2+} 和 As^{3+} 的检测。核壳纳米结构 Fe-MOF@mFe₃O₄@mC 是水热制备的，$FeCl_3$ 作为前体，2-氨基-对苯二甲酸作为连接剂，在煅烧中空玻璃后获得 Fe₃O₄@C 纳米碳酸钙，由核壳合成 SiO_2@Fe₃O₄@ 去除 SiO_2 的 C 球。由于超分子堆叠和氢键相互作用，Fe-MOF 和适体序列之间的强烈结合可以产生适体序列的高固定力。当 Fe-MOF 被添加到含有适体的溶液中时，适体倾向于接近 Fe-MOF 的表面（图 39）。因此，通过检测河水和血清中的重金属（Pb^{2+} 和 As^{3+}），设计的策略已被证明是一种适用于痕量分析物的分析仪，其检测范围为 0.01～10.0 nmol，估计 DL 分别为 2.27 pmol 和 6.63 pmol，用于检测 Pb^{2+} 与 As^{3+}。

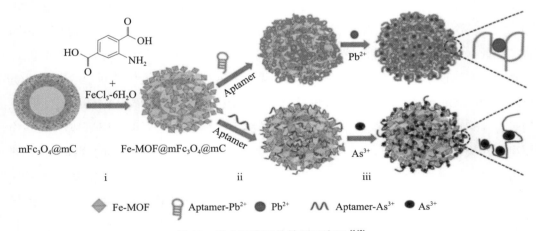

图 39　重金属离子的检测示意图[143]

4.7.5　染料

确定食物中过度使用合成染料对人体健康有不利影响，有必要确定它们的存在与含量。为了同时评估柠檬黄和专利蓝 V，开发了一种新型电化学传感平台。结果，检测了两种具有有毒偶氮基团（N=N）和其他致癌芳香环结构的人造偶氮着色剂（柠檬黄和专利蓝 V）。检测下限为 0.06 μm，宽线性浓度范围 0.09～950 μm 和可观的恢复，扫描电子显微镜能够揭示专利蓝 V 建议电极的出色传感性能。电极的电化学性能可以使用循环和差分脉冲伏安法以及电化学阻抗谱来表征[144]。

4.7.6　VOCs

VOCs 通常对应于大气环境中臭氧和二次气溶胶的形成过程，在环境污染物和人类健康中起着重要作用。Razavi 等[145]以 3,6-二(吡啶-4-基)-1,4-二氢-1,2,4,5-四嗪（H₂DPT）和 4,4′-氧双（苯甲酸）（H₂OBA）为配体，制备了二氢四嗪官能支柱 MOF，发现 MOF 对氯仿表现出高度的选择性反应，并发生了显著的黄色-粉色颜色变化。根据该原理，他们构建了氯仿检测比色传感器（图 40）。

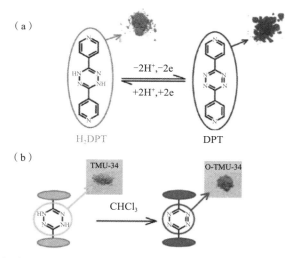

**图 40　（a）H₂DPT 到 DPT 的可逆转化过程，（b）在添加三氯甲烷后，
二氢四嗪在 TMU-34 框架内转化为四嗪部分[147]**

Li 等[146]制备了 {Zn[N-(4-羧基苄基)(3,5-二羧基)吡啶](4,4′-bipy)₀.₅}·2H₂O MOF，并发现当暴露于 NH₃、乙胺（EA）和正丙胺（PA）蒸汽中时，其颜色迅速由无色变为黄色。结果表明，该材料的光致变色行为归因于光致电子转移和联吡啶自由基的形成，可用于制备光致变色和气致变色比色传感器。

Zhang 等[147]利用三-(4-四唑基苯基) 胺（H₃L）配体制备了三维混价钴（Ⅱ/Ⅲ）MOF（FJU-56），用于氨的敏感、选择性和可回收比色传感（图 41）。氨水的加入使其颜色由红色变为棕色，从而方便肉眼的视觉检测。

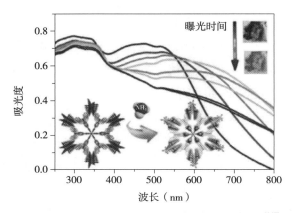

图 41　FJU-56 MOF 在 NH₃ 比色检测中的应用 [147]

VOCs 也是一类对环境构成威胁的水污染物，因为它们的毒性也是一种威胁，需要加以解决。此类有毒 VOCs 主要是苯和其他芳香化合物的衍生物，通常存在于工业废水中的环境中，具有实质毒性，导致生态系统的长期破坏 [148]。最近，提出了一种在 MOF $Zr_6(\mu_3\text{-O})_4(OH)_4(bpy)_{12}$ 基质中含有 Eu^{3+} 的新 MOF，其荧光特性能够分析 VOCs，并给出特殊结果。在这个过程中，由于 MOF 纳米复合材料的荧光特性主要依赖于 VOCs 结合，因此 MOF 和 VOCs 的结合很容易被识别为一种信号 [149]。

参考文献

[1] HU R, ZHANG X, CHI K N, et al. Bifunctional MOF-based ratiometric electrochemical sensor for multiplex heavy metal ions[J]. ACS Applied materials interfaces, 2020, 12 (27): 30770-30778.

[2] BU Y, WANG K, YANG X., et al. Photoelectrochemical sensor for detection Hg^{2+} based on in situ generated MOF-like structures[J]. Analytica chimica acta, 2022, 1233: 340496.

[3] 赵秀阳. 基于 MOF 材料的新型铜离子化学传感器的构建及性能研究 [D]. 太原：山西大学, 2018.

[4] CHIDAMBARAM A, STYLIANOU K C. Electronic metal–organic framework sensors[J]. Inorganic chemistry frontiers, 2018, 5 (5): 979-998.

[5] 钱文浩, 李富盛, 黄玮, 等. 金属有机骨架材料在传感器中的应用 [J]. 化学通报 , 2019, 82 (2): 99-107.

[6] 姚靖雯, 王静楠, 黄雪雪, 等. 有机金属框架材料在光学传感器中的应用综述 [J]. 福建分析测试 , 2022, 31 (1): 13-18.

[7] 李莹, 张红星, 闫柯乐, 等. 基于 MOF 材料的化学传感器的研究进展 [J]. 化工进展, 2017, 36 (4): 1316-1323.

[8] LU G, HUPP J T. Metal–organic frameworks as sensors: a ZIF-8 based fabry-pérot device as a selective sensor for chemical vapors and gases[J]. Journal of the American chemical society, 2010, 132 (23): 7832-7833.

[9] 张淑莉, 王展, 杨县超. 双层金光栅结构的 D 形光纤传感器研究 [J]. 传感器与微系统, 2021, 40 (9): 6-9, 13.

[10] 朱晟昺, 谭策, 王琰, 等. 基于 SPR 效应和缺陷耦合的光子晶体光纤高灵敏度磁场与温度传感器 [J]. 中国激光, 2017, 44 (3): 253-261.

[11] 王金豆, 葛海波, 李彩虹, 等. 倾斜长周期光纤光栅的折射率传感特性 [J]. 光通信技术, 2020, 44 (4): 23-25.

[12] BALIYAN A, SITAL S, TIWARI U, et al. Long period fiber grating based sensor for the detection of triacylglycerides[J]. Biosens bioelectron, 2016, 79: 693-700.

[13] BETHE H A. Theory of diffraction by small holes[J]. Physical review, 1944, 66 (7-8): 163-182.

[14] EBBESEN T W, LEZEC H J, GHAEMI H F, et al. Extraordinary optical transmission through sub-wavelength hole arrays[J]. Nature, 1998, 391: 667-669.

[15] ZHANG N, ZHOU P, ZHANG L, et al. Ultra-broadband absorption in mid-infrared spectrum with graded permittivity metamaterial waveguide structure[J]. Applied physics B, 2015, 118 (3): 409-415.

[16] HUANG B, TAN Z. High loading of air-sensitive guest molecules into polycrystalline metal–organic framework hosts[J]. Inorganic chemistry, 2021, 60 (14): 10830-10836.

[17] MOHAMMADZADEH-ASL S, KESHTKAR A, EZZATI NAZHAD DOLATABADI J, et al. Nanomaterials and phase sensitive based signal enhancment in surface plasmon resonance [J]. Biosens bioelectron, 2018, 110: 118-131.

[18] LI Z, LIN H, WANG L, et al. Optical sensing techniques for rapid detection of agrochemicals: Strategies, challenges, and perspectives[J]. Science of the total environment, 2022, 838 (3): 156515.

[19] 冯扬帆, 宋玉凯, 熊文博, 等. 基于功能化金纳米颗粒检测农产品中 Pb^{2+} 的研究 [J]. 当代化工, 2022, 51 (3): 534-537, 549.

[20] BHATTACHARIEE S, FREDRIKSEN Å, CHANDRA S. Fluctuations in electron cyclotron resonance plasma in a divergent magnetic field[J]. Physics of plasma, 2016, 23

(2):022109.

[21] 肖桂娜, 蔡继业. 基于局域表面等离子体共振效应的光学生物传感器 [J]. 化学进展, 2010, 22 (1): 194-200.

[22] MEILIKHOV M, YUSENKO K, ESKEN D, et al. Metals@MOF-Loading MOF with metal nanoparticles for hybrid functions[J]. European journal of inorganic chemistry, 2010 (24): 3701-3714.

[23] HOSSAIN M Z, MARAGOS C M. Gold nanoparticle-enhanced multiplexed imaging surface plasmon resonance (iSPR) detection of Fusarium mycotoxins in wheat[J]. Biosens bioelectron, 2018, 101: 245-252.

[24] HU Y, LIAO J, WANG D, et al. Fabrication of gold nanoparticle-embedded metal-organic framework for highly sensitive surface-enhanced Raman scattering detection[J]. Analytical chemistry, 2014, 86 (8): 3955-3963.

[25] BARSUKOVA M O, SAPCHENKO S A, DYBTSEV D N, et al. Scandium-organic frameworks: progress and prospects[J]. Russian chemical reviews, 2018, 87 (11): 1139-1167.

[26] LIU Y Y, ZHU R, SRINIVASAKANNAN C, et al. Application of nanofiltration membrane based on metal–organic frameworks (MOF) in the separation of magnesium and lithium from salt lakes[J]. Separations, 2022, 9 (11): 344.

[27] KEMPAHANUMAKKAGARI S, VELLINGIRI K, DEEP A, et al. Metal–organic framework composites as electrocatalysts for electrochemical sensing applications[J]. Coordination chemistry reviews, 2018, 357: 105-129.

[28] MADURAIVEERAN G, JIN W. Nanomaterials based electrochemical sensor and biosensor platforms for environmental applications[J]. Trends in environmental analytical chemistry, 2017, 13: 10-23.

[29] SHI H Y, CHEN N, SU Y Y, et al. Reusable silicon-based surface-enhanced raman scattering ratiometric aptasensor with high sensitivity, specificity, and reproducibility[J]. Analytical chemistry, 2017, 89 (19): 10279-10285.

[30] EHSANI A, HEIDARI A A, ASGARI R. Electrocatalytic oxidation of ethanol on the surface of graphene based nanocomposites: an introduction and review to it in recent studies[J]. Chemical record, 2019, 19 (11): 2341-2360.

[31] KAUR G, KAUR A, KAUR H. Review on nanomaterials/conducting polymer based nanocomposites for the development of biosensors and electrochemical sensors[J].

Polymer-plastics technology and materials, 2021, 60(5): 502-519.

[32] DEVI R K, GANESAN M, CHEN T W, et al. Gadolinium vanadate nanosheets entrapped with 1D-halloysite nanotubes-based nanocomposite for the determination of prostate anticancer drug nilutamide[J]. Journal of electroanalytical chemistry, 2022, 923: 116817.

[33] WANG C Q, QIAN J, AN K Q, et al. Fabrication of magnetically assembled aptasensing device for label-free determination of aflatoxin B1 based on EIS[J]. Biosensors & bioelectronics, 2018, 108: 69-75.

[34] FANG X, ZONG B Y, MAO S. Metal–organic framework-based sensors for environmental contaminant sensing[J]. Nano-micro letters, 2018, 10 (4): 64.

[35] MASHAO G, RAMOHLOLA K E, MDLULI S B, et al. Zinc-based zeolitic benzimidazolate framework/polyaniline nanocomposite for electrochemical sensing of hydrogen gas[J]. Materials chemistry and physics, 2019, 230: 287-298.

[36] CHEN X J, WANG Y Z, ZHANG Y Y, et al. Sensitive electrochemical aptamer biosensor for dynamic cell surface N-glycan evaluation featuring multivalent recognition and signal amplification on a dendrimer-graphene electrode interface[J]. Analytical chemistry, 2014, 86 (9): 4278-4286.

[37] FANG X, LIU J F, WANG J, et al. Dual signal amplification strategy of Au nanopaticles/ ZnO nanorods hybridized reduced graphene nanosheet and multienzyme functionalized Au@ZnO composites for ultrasensitive electrochemical detection of tumor biomarker[J]. Biosensors & bioelectronics, 2017, 97: 218-225.

[38] WU X Q, MA J G, LI H, et al. Metal–organic framework biosensor with high stability and selectivity in a bio-mimic environment[J]. Chemical communications, 2015, 51(44): 9161-9164.

[39] CAMPBELL M G, SHEBERLA D, LIU S F, et al. Cu_3(hexaiminotriphenylene)$_2$: An electrically conductive 2D metal–organic framework for chemiresistive sensing[J]. Angewandte chemie-international edition, 2015, 54(14): 4349-4352.

[40] WANG X, WANG Q X, WANG Q H, et al. Highly dispersible and stable copper terephthalate metal–organic framework-graphene oxide nanocomposite for an electrochemical sensing application[J]. Acs applied materials & interfaces, 2014, 6 (14): 11573-11580.

[41] XU Z D, YANG L Z, XU C L. Pt@UiO-66 heterostructures for highly selective detection of hydrogen peroxide with an extended linear range[J]. Analytical chemistry, 2015, 87 (6):

3438-3444.

[42] PATEKARI M D, PAWAR K K, SALUNKHE G B, et al. Synthesis of Maghemite nanoparticles for highly sensitive and selective NO_2 sensing[J]. Materials science and engineering: B, 2021, 272: 115339.

[43] ZHOU J R, LONG Z, TIAN Y F, et al. A chemiluminescence metalloimmunoassay for sensitive detection of alpha-fetoprotein in human serum using Fe-MIL-88B-NH_2 as a label[J]. Applied spectroscopy reviews, 2016, 51 (7-9): 517-526.

[44] WANG Y, WU Y, XIE J, et al. Metal–organic framework modified carbon paste electrode for lead sensor[J]. Sensors and actuators B: chemical, 2013, 177: 1161-1166.

[45] XIAO L, XU H, ZHOU S, et al. Simultaneous detection of Cd(II) and Pb(II) by differential pulse anodic stripping voltammetry at a nitrogen-doped microporous carbon/Nafion/bismuth-film electrode[J]. Electrochimica acta, 2014, 143: 143-151.

[46] CUI L, WU J, LI J, et al. Electrochemical sensor for lead cation sensitized with a DNA functionalized porphyrinic metal–organic framework[J]. Analytical chemistry, 2015, 87(20): 10635-10641.

[47] LIU D, DONG S, WEI W, et al. Ni/NiO/C composites derived from nickel based metal–organic frameworks for improved enzyme-based biosensor[J]. Journal of the electrochemical society, 2017, 164 (12): 495-501.

[48] JIA Z, MA Y, YANG L, et al. $NiCo_2O_4$ spinel embedded with carbon nanotubes derived from bimetallic NiCo metal–organic framework for the ultrasensitive detection of human immune deficiency virus-1 gene[J]. Biosensors & bioelectronics, 2019, 133: 55-63.

[49] CHIDAMBARAM A, STYLIANOU K C. Electronic metal–organic framework sensors[J]. Inorganic chemistry frontiers, 2018, 5(5): 979-998.

[50] DEEP A, BHARDWAJ S K, PAUL A K, et al. Surface assembly of nano-metal organic framework on amine functionalized indium tin oxide substrate for impedimetric sensing of parathion[J]. Biosensors & bioelectronics, 2015, 65: 226-231.

[51] PETERSON G W, MCENTEE M, HARRIS C R, et al. Detection of an explosive simulant via electrical impedance spectroscopy utilizing the UiO-66-NH_2 metal–organic framework[J]. Dalton transactions, 2016, 45 (43): 17113-17116.

[52] ZHOU X X, GUO S J, GAO J X, et al. Glucose oxidase-initiated cascade catalysis for sensitive impedimetric aptasensor based on metal–organic frameworks functionalized with Pt nanoparticles and hemin/G-quadruplex as mimicking peroxidases[J]. Biosensors

& bioelectronics, 2017, 98: 83-90.

[53] XU Y, YIN X B, HE X W, et al. Electrochemistry and electrochemiluminescence from a redox-active metal–organic framework[J]. Biosensors & bioelectronics, 2015, 68: 197-203.

[54] XIONG C Y, WANG H J, LIANG W B, et al. Luminescence-Functionalized Metal–organic frameworks based on a ruthenium(II) complex: a signal amplification strategy for electrogenerated chemiluminescence immunosensors[J]. Chemistry: a European journal, 2015, 21 (27): 9825-9832.

[55] MA H M, LI X J, YAN T, et al. Electrochemiluminescent immunosensing of prostate-specific antigen based on silver nanoparticles-doped Pb (II) metal–organic framework[J]. Biosensors & bioelectronics, 2016, 79: 379-385.

[56] ZHANG X, KE H, WANG Z M, et al. An ultrasensitive multi-walled carbon nanotube-platinum-luminol nanocomposite-based electrochemiluminescence immunosensor[J]. Analyst, 2017, 142 (12): 2253-2260.

[57] YAN Z, WANG F, DENG P Y, et al. Sensitive electrogenerated chemiluminescence biosensors for protein kinase activity analysis based on bimetallic catalysis signal amplification and recognition of Au and Pt loaded metal–organic frameworks nanocomposites[J]. Biosensors & bioelectronics, 2018, 109: 132-138.

[58] ZHAN W W, KUANG Q, ZHOU J Z, et al. Semiconductor@Metal–organic framework core-shell heterostructures: a case of ZnO@ZIF-8 nanorods with selective photoelectrochemical response[J]. Journal of the American chemical society, 2013, 135 (5): 1926-1933.

[59] JIN D Q, XU Q, YU L Y, et al. Photoelectrochemical detection of the herbicide clethodim by using the modified metal–organic framework amino-MIL-125(Ti)/TiO$_2$[J]. Microchimica acta, 2015, 182 (11-12): 1885-1892.

[60] ZHANG G Y, ZHUANG Y H, SHAN D, et al. Zirconium-based porphyrinic metal–organic framework (PCN-222): Enhanced photoelectrochemical response and its application for label-free phosphoprotein detection[J]. Analytical chemistry, 2016, 88 (22): 11207-11212.

[61] WANG Z H, YAN Z Y, WANG F, et al. Highly sensitive photoelectrochemical biosensor for kinase activity detection and inhibition based on the surface defect recognition and multiple signal amplification of metal–organic frameworks[J]. Biosensors & bioelectronics, 2017, 97: 107-114.

[62] LIU Y, SHI W J, LU Y K, et al. Nonenzymatic glucose sensing and magnetic property based on the composite formed by encapsulating Ag nanoparticles in cluster-based Co-MOF[J]. Inorganic chemistry, 2019, 58 (24): 16743-16751.

[63] ZHANG X, XU Y D, YE B X. An efficient electrochemical glucose sensor based on porous nickel-based metal organic framework/carbon nanotubes composite (Ni-MOF/CNTs)[J]. Journal of alloys and compounds, 2018, 767: 651-656.

[64] WANG F, CHEN X, CHEN L, et al. High-performance non-enzymatic glucose sensor by hierarchical flower-like nickel(II)-based MOF/carbon nanotubes composite[J]. Materials science & engineering C: materials for biological applications, 2019, 96: 41-50.

[65] WU L, LU Z W, YE J S. Enzyme-free glucose sensor based on layer-by-layer electrodeposition of multilayer films of multi-walled carbon nanotubes and Cu-based metal framework modified glassy carbon electrode[J]. Biosens bioelectron, 2019, 135: 45-49.

[66] ZHANG L, LI S B, XIN J J, et al. A non-enzymatic voltammetric xanthine sensor based on the use of platinum nanoparticles loaded with a metal–organic framework of type MIL-101(Cr). Application to simultaneous detection of dopamine, uric acid, xanthine and hypoxanthine[J]. Mikrochim acta, 2018, 186 (1): 9.

[67] LI Y, LING W, LIU X, et al. Metal–organic frameworks as functional materials for implantable flexible biochemical sensors[J]. Nano research, 2021, 14 (9): 2981-3009.

[68] GAO Y Q, QI Y C, ZHAO K, et al. An optical sensing platform for the dual channel detection of picric acid: the combination of rhodamine and metal–organic frameworks[J]. Sensors and actuators B: chemical, 2018, 257: 553-560.

[69] LIU Y L, ZHAO X J, YANG X X, et al. A nanosized metal–organic framework of Fe-MIL-88NH$_2$ as a novel peroxidase mimic used for colorimetric detection of glucose†[J]. Analyst, 2013, 138 (16): 4526-4531.

[70] TAN H L, MA C J, GAO L, et al. Metal–organic framework-derived copper nanoparticle@carbon nanocomposites as peroxidase mimics for colorimetric sensing of ascorbic acid[J]. Chemistry, 2014, 20 (49): 16377-16383.

[71] HOU C, WANG Y, DING Q H, et al. Facile synthesis of enzyme-embedded magnetic metal–organic frameworks as a reusable mimic multi-enzyme system: mimetic peroxidase properties and colorimetric sensor[J]. Nanoscale, 2015, 7 (44): 18770-18779.

[72] DONG W F, ZHUANG Y X, LI S Q, et al. High peroxidase-like activity of metallic

cobalt nanoparticles encapsulated in metal–organic frameworks derived carbon for biosensing[J]. Sensors and actuators B: chemical, 2018, 255: 2050-2057.

[73] KHALIL M M H, SHAHAT A, RADWAN A, et al. Colorimetric determination of Cu(II) ions in biological samples using metal–organic framework as scaffold[J]. Sensors and actuators B: chemical, 2016, 233: 272-280.

[74] ZENG X L, ZHANG Y J, ZHANG J Y, et al. Facile colorimetric sensing of Pb^{2+} using bimetallic lanthanide metal–organic frameworks as luminescent probe for field screen analysis of lead-polluted environmental water[J]. Microchemical journal, 2017, 134: 140-145.

[75] LI H P, LIU H F, ZHANG J D, et al. Platinum nanoparticle encapsulated metal–organic frameworks for colorimetric measurement and facile removal of mercury(II)[J]. ACS Applied materials interfaces, 2017, 9 (46): 40716-40725.

[76] WANG C H, TANG G, TAN H L. Colorimetric determination of mercury(II) via the inhibition by ssDNA of the oxidase-like activity of a mixed valence state cerium-based metal–organic framework[J]. Mikrochimica acta, 2018, 185 (10): 475.

[77] LIU X, QI W, WANG Y F, et al. A facile strategy for enzyme immobilization with highly stable hierarchically porous metal–organic frameworks[J]. Nanoscale, 2017, 9 (44): 17561-17570.

[78] XIAO R, LIU Y, FEI X F, et al. Ecosystem health assessment: a comprehensive and detailed analysis of the case study in coastal metropolitan region, eastern China[J]. Ecological indicators, 2019, 98: 376.

[79] DALAPATI R, SAKTHIVEL B, GHOSALYA M K, et al. A cerium-based metal–organic framework having inherent oxidase-like activity applicable for colorimetric sensing of biothiols and aerobic oxidation of thiols[J]. Crystal enqineering communications, 2017, 19 (39): 5915-5925.

[80] WONG K L, LAW G L, YANG Y Y, et al. A highly porous luminescent terbium-organic framework for reversible anion sensing[J]. Advanced materials, 2006, 18 (8): 1051-1054.

[81] LAN A J, LI K H, WU H H, et al. A luminescent microporous metal–organic framework for the fast and reversible detection of high explosives[J]. Angewandte chemie international edition, 2009, 48 (13): 2334-2338.

[82] PRAMANIK S, ZHENG C, ZHANG X, et al. New microporous metal–organic framework demonstrating unique selectivity for detection of high explosives and aromatic

compounds[J]. Journal of the American chemical society, 2011, 133 (12): 4153-4155.

[83] YANG C X, REN H B, YAN X P. Fluorescent metal–organic framework MIL-53(Al) for highly selective and sensitive detection of Fe^{3+} in aqueous solution[J]. Analytical chemistry, 2013, 85 (15): 7441-7446.

[84] LI Y W, LI J R, WANG L F, et al. Microporous metal–organic frameworks with open metal sites as sorbents for selective gas adsorption and fluorescence sensors for metal ions[J]. Journal of materials chemistry A, 2013, 1 (3): 495-499.

[85] GOLE B, BAR A K, MUKHERJEE P S. Modification of extended open frameworks with fluorescent tags for sensing explosives: competition between size selectivity and electron deficiency[J]. Chemistry, 2014, 20 (8): 2276-2291.

[86] LIU L, HAO J Y, SHI Y T, et al. Roles of hydrogen bonds and π–π stacking in the optical detection of nitro-explosives with a luminescent metal–organic framework as the sensor[J]. RSC Advances, 2015, 5 (4): 3045-3053.

[87] YU Z C, WANG F Q, LIN X Y, et al. Selective fluorescence sensors for detection of nitroaniline and metal Ions based on ligand-based luminescent metal–organic frameworks[J]. Journal of solid state chemistry, 2015, 232: 96-101.

[88] YANG S P, CHEN S R, LIU S W, et al. Platforms formed from a three-dimensional Cu-based zwitterionic metal–organic framework and probe ss-DNA: selective fluorescent biosensors for human immunodeficiency virus 1 ds-DNA and sudan virus RNA sequences[J]. Analytical chemistry, 2015, 87 (24): 12206-12214.

[89] TAN H L, TANG G E, WANG Z X, et al. Magnetic porous carbon nanocomposites derived from metal–organic frameworks as a sensing platform for DNA fluorescent detection[J]. Analytica chimica acta, 2016, 940: 136-142.

[90] SUN Z J, JIANG J Z, LI Y F. A sensitive and selective sensor for biothiols based on the turn-on fluorescence of the Fe-MIL-88 metal–organic frameworks-hydrogen peroxide system[J]. Analyst, 2015, 140 (24): 8201-8208.

[91] WU L L, WANG Z, ZHAO S N, et al. A metal–organic framework/DNA hybrid system as a novel fluorescent biosensor for Mercury(II) ion detection[J]. Chemistry, 2016, 22 (2): 477-480.

[92] YANG X F, ZHU H B, LIU M. Transition-metal-based (Zn^{2+} and Cd^{2+}) metal–organic frameworks as fluorescence "turn-off" sensors for highly sensitive and selective detection of hydrogen sulfide[J]. Inorganica chimica acta, 2017, 466: 410-416.

[93] JI G F, GAO X C, ZHENG T X, et al. Postsynthetic metalation metal–organic framework as a fluorescent probe for the ultrasensitive and reversible detection of PO_4^{3-} ions[J]. Inorganic chemistry, 2018, 57 (17): 10525-10532.

[94] LI Y P, LI S N, JIANG Y C, et al. A semiconductor and fluorescence dual-mode room-temperature ammonia sensor achieved by decorating hydroquinone into a metal–organic framework[J]. Chemical communications, 2018, 54 (70): 9789-9792.

[95] ZHAO X, ZHANG Y, HAN J, et al. Design of "turn-on" fluorescence sensor for L-cysteine based on the instability of metal–organic frameworks[J]. Microporous and mesoporous materials, 2018, 268: 88-92.

[96] LU Y, YAN B. A ratiometric fluorescent pH sensor based on nanoscale metal–organic frameworks (MOF) modified by europium(III) complexes[J]. Chemical communications, 2014, 50 (87): 13323-13326.

[97] ZHU Q, CHEN Y L, WANG W F, et al. A sensitive biosensor for dopamine determination based on the unique catalytic chemiluminescence of metal–organic framework HKUST-1[J]. Sensors and actuators B: chemical, 2015, 210: 500-507.

[98] LUO F Q, LIN Y L, ZHENG L Y, et al. Encapsulation of hemin in metal–organic frameworks for catalyzing the chemiluminescence reaction of the H_2O_2–luminol system and detecting glucose in the neutral condition[J]. ACS Applied materials & interfaces, 2015, 7 (21): 11322-11329.

[99] YANG N, SONG H J, WAN X Y, et al. A metal (Co)-organic framework-based chemiluminescence system for selective detection of L-cysteine[J]. Analyst, 2015, 140 (8): 2656-2663.

[100] ZHU Q, DONG D, ZHENG X J, et al. Chemiluminescence determination of ascorbic acid using graphene oxide@copper-based metal–organic frameworks as a catalyst[J]. RSC advances, 2016, 6 (30): 25047-25055.

[101] ZHOU J R, LONG Z, TIAN Y F, et al. A chemiluminescence metalloimmunoassay for sensitive detection of alpha-fetoprotein in human serum using Fe-MIL-88B-NH_2 as a label[J]. Applied spectroscopy reviews, 2016, 51 (7-9): 517-526.

[102] GAO L Z, ZHUANG J, NIE L, et al. Intrinsic peroxidase-like activity of ferromagnetic nanoparticles[J]. Nature nanotechnology, 2007, 2 (9): 577-583.

[103] VERNEKAR A A, SINHA D, SRIVASTAVA S, et al. An antioxidant nanozyme that uncovers the cytoprotective potential of vanadia nanowires[J]. Nature communications,

2014, 5: 5301.

[104] KORSVIK C, PATIL S, SEAL S, et al. Superoxide dismutase mimetic properties exhibited by vacancy engineered ceria nanoparticles[J]. Chemical communications, 2007, (10): 1056-1058.

[105] PIRMOHAMED T, DOWDING J M, SINGH S, et al. Nanoceria exhibit redox state-dependent catalase mimetic activity[J]. Chemical communications, 2010, 46 (16): 2736-2738.

[106] WEI H, WANG E. Nanomaterials with enzyme-like characteristics (nanozymes): next-generation artificial enzymes[J]. Chemical society reviews, 2013, 42 (14): 6060-6093.

[107] ZHANG M, GU Z Y, BOSCH M, et al. Biomimicry in metal–organic materials[J]. Coordination chemistry reviews, 2015, 293-294: 327-356.

[108] WU Y Z, MA Y J, XU G H, et al. Metal–organic framework coated Fe_3O_4 magnetic nanoparticles with peroxidase-like activity for colorimetric sensing of cholesterol[J]. Sensors and actuators B: chemical, 2017, 249: 195-202.

[109] NADAR S S, RATHOD V K. Magnetic-metal organic framework (magnetic-MOF): A novel platform for enzyme immobilization and nanozyme applications[J]. International journal of biological macromolecules, 2018, 120 (B): 2293-2302.

[110] ISKIERKO Z, SHARMA P S, PROCHOWICZ D, et al. Molecularly imprinted polymer (MIP) film with improved surface area developed by using metal–organic framework (MOF) for sensitive lipocalin (NGAL) determination[J]. ACS Applied materials & interfaces, 2016, 8 (31): 19860-19865.

[111] SURYA S G, NAGARKAR S S, GHOSH S K, et al. OFET based explosive sensors using diketopyrrolopyrrole and metal organic framework composite active channel material[J]. Sensors and actuators B: chemical, 2016, 223: 114-122.

[112] JANG Y J, JUNG Y E, KIM G W, et al. Metal–organic frameworks in a blended polythiophene hybrid film with surface-mediated vertical phase separation for the fabrication of a humidity sensor[J]. RSC Advances, 2018, 9 (1): 529-535.

[113] GARDNER D W, GAO X, FAHAD H M, et al. Transistor-based work-function measurement of metal–organic frameworks for ultra-low-power, rationally designed chemical sensors[J]. Chemistry, 2019, 25 (57): 13176-13183.

[114] WANG B F, LUO Y Y, LIU B, et al. Field-effect transistor based on an in situ grown metal–organic framework film as a liquid-gated sensing device[J]. ACS Applied

materials & interfaces, 2019, 11 (39): 35935-35940.

[115] SI X L, JIAO C L, LI F, et al. High and selective CO_2 uptake, H_2 storage and methanol sensing on the amine-decorated 12-connected MOF CAU-1[J]. Energy & environmental science, 2011, 4 (11): 4522-4527.

[116] MEILIKHOV M, FURUKAWA S, HIRAI K, et al. Binary Janus porous coordination polymer coatings for sensor devices with tunable analyte affinity[J]. Angewandte chemie international edition, 2013, 52 (1): 341-345.

[117] HOU C, BAI Y L, BAO X, et al. A metal–organic framework constructed using a flexible tripodal ligand and tetranuclear copper cluster for sensing small molecules[J]. Dalton trans, 2015, 44 (17): 7770-7773.

[118] WANNAPAIBOON S, TU M, SUMIDA K, et al. Hierarchical structuring of metal–organic framework thin-films on quartz crystal microbalance (QCM) substrates for selective adsorption applications[J]. Journal of materials chemistry A, 2015, 3 (46): 23385-23394.

[119] JIAO C L, JIANG X, CHU H L, et al. A mixed-valent Cu^{I}/Cu^{II} metal–organic framework with selective chemical sensing properties[J]. Crystengcomm, 2016, 18 (44): 8683-8687.

[120] ZHOU Z, LI M X, WANG L, et al. Antiferromagnetic Copper(II) metal–organic framework based quartz crystal microbalance sensor for humidity[J]. Crystal growth & design, 2017, 17 (12): 6719-6724.

[121] XU F, SUN L X, HUANG P R, et al. A pyridine vapor sensor based on metal–organic framework-modified quartz crystal microbalance[J]. Sensors and actuators B: chemical, 2018, 254: 872-877.

[122] TCHALALA M R, BHATT P M, CHAPPANDA K N, et al. Fluorinated MOF platform for selective removal and sensing of SO_2 from flue gas and air[J]. Nature communications, 2019, 10(1): 1328.

[123] ABUZALAT O, WONG D, PARK S S, et al. High-performance, room temperature hydrogen sensing with a Cu-BTC/polyaniline nanocomposite film on a quartz crystal microbalance[J]. IEEE sensors journal, 2019, 19 (13): 4789-4795.

[124] HAGHIGHI E, ZEINALI S. Nanoporous MIL-101(Cr) as a sensing layer coated on a quartz crystal microbalance (QCM) nanosensor to detect volatile organic compounds (VOCs)[J]. RSC Advances, 2019, 9 (42): 24460-24470.

[125] WEN L L, ZHOU L, ZHANG B G, et al. Multifunctional amino-decorated metal-organic frameworks: nonlinear-optic, ferroelectric, fluorescence sensing and photocatalytic properties[J]. Journal of materials chemistry, 2012, 22 (42): 22603-22609.

[126] CUI H F, WU W W, LI M M, et al. A highly stable acetylcholinesterase biosensor based on chitosan-TiO$_2$-graphene nanocomposites for detection of organophosphate pesticides[J]. Biosens bioelectron, 2018, 99: 223-229.

[127] DUAN D, YE J P, CAI X, et al. Cobalt(II)-ion-exchanged Zn-bio-MOF-1 derived CoS/ZnS composites modified electrochemical sensor for chloroneb detection by differential pulse voltammetry[J]. Microchimica acta, 2021, 188 (4): 111.

[128] BALA R, DHINGRA S, KUMAR M, et al. Detection of organophosphorus pesticide-malathion in environmental samples using peptide and aptamer based nanoprobes[J]. Chemical engineering journal, 2017, 311: 111-116.

[129] YANG Q F, WANG J, ZHANG W T, et al. Interface engineering of metal organic framework on graphene oxide with enhanced adsorption capacity for organophosphorus pesticide[J]. Chemical engineering journal, 2017, 313: 19-26.

[130] LI H X, JIN R, KONG D S, et al. Switchable fluorescence immunoassay using gold nanoclusters anchored cobalt oxyhydroxide composite for sensitive detection of imidacloprid[J]. Sensors and actuators B: chemical, 2019, 283: 207-214.

[131] SAISAHAS K, SOLEH A, PROMSUWAN K, et al. A portable electrochemical sensor for detection of the veterinary drug xylazine in beverage samples[J]. Journal of pharmaceutical and biomedical analysis, 2021, 198.

[132] LUO Y, XU J Y, LI Y, et al. A novel colorimetric aptasensor using cysteamine-stabilized gold nanoparticles as probe for rapid and specific detection of tetracycline in raw milk[J]. Food control, 2015, 54: 7-15.

[133] RAMEZANI M, DANESH N M, LAVAEE P, et al. A selective and sensitive fluorescent aptasensor for detection of kanamycin based on catalytic recycling activity of exonuclease III and gold nanoparticles[J]. Sensors and actuators B: chemical, 2016, 222: 1-7.

[134] NIE R B, XU X X, CHEN Y P, et al. Optical fiber-mediated immunosensor with a tunable detection range for multiplexed analysis of veterinary drug residues[J]. ACS Sensors, 2019, 4 (7): 1864-1872.

[135] LI X, YANG L, MEN C, et al. Photothermal soft nanoballs developed by loading

plasmonic $Cu_{2-x}Se$ nanocrystals into liposomes for photothermal immunoassay of aflatoxin B_1[J]. Analytical chemistry, 2019, 91 (7): 4444-4450.

[136] HE D Y, WU Z Z, CUI B, et al. Building a fluorescent aptasensor based on exonuclease-assisted target recycling strategy for one-step detection of T-2 toxin[J]. Food analytical methods, 2018, 12 (2): 625-632.

[137] SELVAM S P, KADAM A N, MAIYELVAGANAN K R, et al. Novel SeS_2-loaded Co MOF with Au@PANI comprised electroanalytical molecularly imprinted polymer-based disposable sensor for patulin mycotoxin[J]. Biosensors & bioelectronics, 2021, 187.

[138] HE B S, DONG X Z. Hierarchically porous Zr-MOF labelled methylene blue as signal tags for electrochemical patulin aptasensor based on ZnO nano flower[J]. Sensors and actuators B: chemical, 2019, 294: 192-198.

[139] ZHU W R, LI L B, ZHOU Z, et al. A colorimetric biosensor for simultaneous ochratoxin A and aflatoxins B1 detection in agricultural products[J]. Food chemistry, 2020, 319: 126544.

[140] NGUYEN M B, NGA D T N, THU V T, et al. Novel nanoscale Yb-MOF used as highly efficient electrode for simultaneous detection of heavy metal ions[J]. Journal of materials science, 2021, 56 (13): 8172-8185.

[141] XU H, XIAO Y Q, RAO X T, et al. A metal–organic framework for selectively sensing of PO_4^{3-} anion in aqueous solution[J]. Journal of alloys and compounds, 2011, 509(5): 2552-2554.

[142] GAO Y F, ZHANG X Q, SUN W, et al. A robust microporous metal–organic framework as a highly selective and sensitive, instantaneous and colorimetric sensor for Eu^{3+} ions[J]. Dalton transactions, 2015, 44 (4): 1845-1849.

[143] ZHANG Z H, JI H F, SONG Y P, et al. Fe(III)-based metal–organic framework-derived core-shell nanostructure: Sensitive electrochemical platform for high trace determination of heavy metal ions[J]. Biosens bioelectron, 2017, 94: 358-364.

[144] WU Y J, AL-HUQAIL A, FARHAN Z A, et al. Enhanced artificial intelligence for electrochemical sensors in monitoring and removing of azo dyes and food colorant substances[J]. Food and chemical toxicology, 2022, 169.

[145] RAZAVI S A A, MASOOMI M Y, MORSALI A. Stimuli-responsive metal–organic framework (MOF) with chemo-switchable properties for colorimetric detection of $CHCl_3$[J]. Chemistry, 2017, 23 (51): 12559-12564.

[146] LI L, HUA Y, GUO Y, et al. Bifunctional photo-and vapochromic behaviors of a novel porous zwitterionic metal–organic framework[J]. New journal of chemistry, 2019, 43 (8): 3428-3431.

[147] ZHANG J D, OUYANG J, YE Y X, et al. Mixed-valence Cobalt (II/III) metal–organic framework for ammonia sensing with naked-eye color switching[J]. ACS Applied materials interfaces, 2018, 10 (32): 27465-27471.

[148] KESSELMEIER J, STAUDT M. Biogenic volatile organic compounds (VOC): an overview on emission, physiology and ecology[J]. Journal of atmospheric chemistry, 1999, 33: 23-88.

[149] ZHOU Y, YAN B. A responsive MOF nanocomposite for decoding volatile organic compounds[J]. Chemical communications, 2016, 52 (11): 2265-2268.

第五章

功能化 MOF 的研究展望

5.1 结论和未来发展趋势

5.1.1 结论

近 20 年来，MOF 材料作为一种新型的多孔材料引起了人们极大的兴趣。MOF 是由金属阳离子或金属簇与有机配体配位而成，具有高度结晶性和多孔性的三维网络结构。金属阳离子或簇合物以及各种结构的有机配体的丰富选择赋予了 MOF 更丰富的可设计性和多样性。因此，我们可以得到各种孔结构的 MOF、孔径、孔隙率、官能团、亲水性和疏水性等。MOF 的表面积通常在 1 000～10 000 m^2/g。其超过了传统多孔材料，如沸石和多孔碳。MOF 由于其结构的高度可设计性、多样性、结晶性、极大的比表面积和孔隙率，在气体存储和分离、传感、催化和药物输送等领域得到了广泛的应用。

因此，本书重点介绍了功能化 MOF 纳米材料设计制备的原则、合成功能化 MOF 的策略与结构调控、功能化 MOF 对污染物的识别及应用，以及功能化 MOF 的污染物传感检测。

MOF 因其结构的多样性而受到广泛的关注，包括大的比表面积、可控的孔隙率、可设计的网络结构、在高度有序的晶体结构中重复和丰富的金属分散、合成的方便性，以及作为一个潜在的有价值的平台在气体储存、（光、电）催化剂、传感器、分离器和吸附材料等方面的应用。MOF 因其结构的特点及功能应用可以根据金属离子和有机配体的特性进行设计，一般遵循拓扑与几何设计、单金属离子节点的网络、金属簇节点的网络、聚合物刚度和自由体积、有序或无序、模板和致孔剂、最大孔隙开度控制、笼的最大尺寸控制、结构可调性控制等原则进行设计。通过这些设计原则不仅可以比较方便地描述和理解 MOF 化合物的框架结构，而且可以基于节点的几何结构，选择不同长度的连接子来设计、构筑具有特定网络结构的 MOF 化合物。这些不同的设计原则以及 MOF 的配位聚合物的超分子异构等化学现象使 MOF 种类变得多样，且具有一定的不确定性。

但是，无机节点大多被有机连接剂或可交换溶剂分子占据，不可能利用金属中心的外加电位。所以位点占用、分子敏感等缺陷制约着 MOF 的发展和应用。MOF 材料主要由芳香酸、氮杂环等有机配体，通过配位键与无机金属中心杂化配位来得到，这种组装的形成方式为 MOF 的功能化改性提供了很多种可能，可以精细调节 MOF 的结构，对吸附性能、催化活性和导电性能等进行改进，甚至可以使 MOF 具有原来不曾拥有的性能。促进功能化 MOF 活性的可行策略包括对金属节点、有机链接基团、SBU 进行调控。有针对性地将其集成调控到晶体 MOF 中，从而可以操纵许多性能，并可以优化相关 MOF 的探索路径。所以将传统 MOF 进行功能化改性以提高材料的性能和稳定性是很有必要的。

目前，诸多的 MOF 合成方法都是基于金属节点、有机链接基团、SBU 对 MOF 进行合成及特定功能的调控。如水热溶剂法、微波辅助合成法、电化学法、机械化学合成法、原位连接合成法等。从结构调控策略上看，不同的功能修饰策略各有优缺点。表面修饰具有最广泛的通用性，因为可以使用任何稳定的 MOF 而不考虑修饰物分子的尺寸。对于通过化学键表面固定来修饰 MOF 材料，所选的 MOF 必须具有用于化学键合的官能团，其可以是合成前或合成后修饰的。化学键合可以引起有机配体的一些构象变化，这些变化与有机配体的活性密切相关。而对于通过物理相互作用的表面固定化，所选修饰策略和 MOF 之间的相互作用必须足够强以实现稳定。MOF 以其独特结构和特性已构建了荧光传感器、比色传感器、电化学传感器等多种传感检测系统，并对食品细菌污染检测进行了探索。碳基材料、金属 / 金属氧化物纳米粒子、量子点等功能材料与 MOF 的复合，以及酶、抗体、核酸适配体等识别元件对 MOF 的修饰大大提高了基于该材料传感器对农药、细菌等检测的灵敏度和特异性。在 MOF 的特定位点上有效且精确地固定适体是生物传感器可重复性的关键因素。因此，可能需要系统地研究引入的修饰基团，功能化方法以及每个 MOF 的适体比例。最后，针对功能化 MOF 的材料的合成技术、调控手段都有了一定的发展，我们可以预见，通过进一步的努力，特别是与企业工程师的合作，研究人员将能够设计和制备更实际适用的功能化 MOF 材料。

5.1.2　未来发展趋势

功能化 MOF 广泛研究的主要驱动力是这些材料的潜在应用。尽管功能化 MOF 具有许多优点，但仍存在许多挑战。

一是 MOF 的商业化和审批，这需要行业和学术机构之间的合作。尽管目前商业化的 MOF 材料很少，但可预计在未来，这些材料将在不同领域发挥至关重要的作用。

二是在工业应用中，涉及它们的生产和特性，如孔隙率和热稳定性和化学稳定性等，需要对功能化 MOF 进行进一步研究和精确设计来改善。为此，需要考虑几个问题，包括原材料的可用性和成本、合成条件和程序、高产率、低杂质和最少的溶剂使用的需求，提高调整结构和成分的能力。

三是尽管功能化 MOF 具有独特以及优越的物理 / 化学性质，但其应用范围仍然非常有限。除了在吸附、传感器、气体分离、储能和光催化方面取得的成就外，在生物、医药、食品领域仍属于新兴技术，应用前景十分巨大。可以借助功能化 MOF 材料搭建无机化学和生物材料之间的桥梁，可以成为载药、抗肿瘤、生物成像、新型食品包装材料等领域的新技术。

四是 MOF 在光催化降解气态有机污染物方面的应用尚处于起步阶段，相关研究还很少。鉴于 MOF 的独特性质和光催化降解方法的优越性，简化光催化反应器，开发具有高光活性和稳定性的功能化 MOF 用于降解气态污染物是十分必要的。到目前为止，光催化降解有机污染物的机理还不清楚。为了开发具有高催化活性的功能化 MOF，需要进一步研究其降解有机污染物的途径。由于 MOF 的最终研究目标是其实际应用，因此，MOF 在实际环境中的降解性能有待进一步研究。此外，将出色的降解性能与令人满意的稳定性和可重复使用性相结合，也是亟待解决的关键问题。

五是到目前为止，已经报告了大量 MOF 的例子，但仍有许多挑战需要克服，还有更多的途径需要探索。功能化 MOF 的合理设计和定向合成是下一步的研究方向。改进原位表征技术和理论方法，探索其动力学机制和结构-性能相关性也很重要。基于协同装配的结构化和功能化的协同作用是一个相当复杂的过程。功能的实现依赖于适当的部件和结构，因此，功能化 MOF 的直接功能目标设计和构建应该从整体的角度进行。无论如何，功能化 MOF 在未来具有无限的潜力。

5.2　存在问题

MOF 作为一种新兴材料，开发了多种功能化 MOF。功能化 MOF 已被用作杂化膜、催化剂、传感器、吸附剂、酶的固定化等方面，但仍然面临无法大规模应用、无法控制 MOF 的性质和结构、缺乏相关应用的研究等问题。

5.2.1　功能化 MOF 与聚合物相容性低

功能化 MOF 与其他物质合成多功能 MOF 复合膜时发现，MOF 和聚合物之间的均匀性和相容性不高，需要深入探讨 MOF 与聚合物的结构性能关系，构建理论和经验模型；大多数研究主要集中在以聚合物为基质，MOF 为填料的杂化膜上。MOF 填料应该是具有相对均匀的尺寸分布的纳米尺寸，大的颗粒尺寸和不均匀的分布会导致聚合物基体和 MOF 填料之间的不相容性和潜在的界面缺陷。

5.2.2　功能化 MOF 活性位点缺失

功能化 MOF 作为催化剂在生物质稳定方面仍然面临挑战。例如，更稳定的 MOF 和活性位点，结构-功能关系的有效分析。Zhao 等 [1] 对合理设计用于电催化、有机催化、光催化的 MOF 负载或衍生非均相催化剂进行了全面的研究，同时也遇到一些问题：作为电催化剂，在整体水分解方面表现出较差的性能；作为有机催化剂，具有均匀分布和高稳定性催化剂仍然无法成功；作为光催化剂，MOF 通道中光活性催化位点的含量和 MOF 载体的稳定性有待研究。Zhang 等 [2] 通过 MOF 对光催化降解有机污染物方面的研究表明，MOF 在此方面的应用相关研究较少，尚处于开始阶段；缺乏具有光活性的 MOF。

5.2.3　功能化 MOF 缺乏对标靶的识别能力

MOF 由于具有高孔隙率、大表面积、可调纳米结构和易于功能化等优点，广泛应用于生物传感和化学传感。Xia 等 [3] 系统地介绍了基于功能化 MOF 作为荧光化学传感器和生物传感器的挑战：对于阴离子和阳离子的检测，依赖于无机离子和金属氧化物之间的结合亲和力的灵敏度和选择性较差。Lv 等 [4] 对功能化 MOF 传感器及其生物应用研究表明，控制 MOF 形状和尺寸仍然具有挑战性，而 MOF 的尺寸、形态和结构会显著影响传感器的性能；并非所有靶标都有相应的适体可用，不同靶标的适体可用性仍然有限。Karimzadeh 等 [5] 探究了功能化 MOF 作为食品安全领域中新兴的纳米探针的进展，研究表明，由于 MOF 的形态、尺寸和结构可能会显著影响传感器的效率，控制传感平台的尺寸和形状具有挑战性；同时，为了提高生物传感器的产量和测量的再现性，要将适体精确有效地固定在 MOF 的特定位置，可能需要系统地考虑引入功能化方法，修饰基团和适体比例；缺乏全球范围的适体生成方法，特别是在工业规模的建设中，要预测适体与分子结合及其潜在的脱靶结合的问题；在实际样品中使用适体传感器是在即时应用中准确使用这些生物传感器的另一个挑战。一方面，该领域的研究处于起步阶段，仍然有许多困难的基本问题需要克服，特别是那些与系统深入研究以调查潜在的测量过程和确定构造属性关系有关的问题。另一方面，应从设备的规模化生产，多路复用检测，现场传感性能和商业成本的角度评估实际应用，以实现从台式到现实世界的商业应用。Zhang 等 [6] 研究功能化 MOF 作为传感器用于检测食品污染物方面，发现对于化学传感器，通常具有选择性差，检测限低以及具有 FL 或 EC 活性的 MOF 的繁琐制备程序；对于生物传感器，复杂的构建步骤包括信号放大、探针标记等，也限制了它们在食品污染物检测中的实际应用。此外，几种污染物可能共存于同一食品系统中。因此，对单一污染物的检测是不够的，并且对每种污染物进行逐个分析将是耗时且昂贵的。对于理想的化学传感器或生物传感器，需要多种传感性能来同时确定不同的分析物。当前，尽管可以检测到多种重金属离子，但很少使用基于 MOF 的传感器准确确定不同类型的靶标。

5.2.4　功能化 MOF 水稳定性差

MOF 属于一类新兴的有序多孔材料，微调的金属簇和有机配体、易于功能化的表面工程以及与其他物种的可控结合，使 MOF 在样品处理中成为高效的吸附剂[7]。Wu 等[8]通过使用功能性 MOF 研究了常见水污染物的吸附性能，几种重金属的存在形式随着水条件（溶液 pH 值、共存离子等）而改变，对于有机污染物，一些化合物在环境水条件下不稳定，它们倾向于在光照和微生物中转化为代谢物形式。Mohand 等[9]研究了功能化 MOF 作为吸附剂对汞离子的脱除作用及功能位点的作用，发现功能化 MOF 在水中存在不稳定性，吸附有毒物质的效率较低。

5.2.5　功能化 MOF 孔径较小

功能化 MOF 由于其多孔结构和大表面积，Du 等[10]将功能化 MOF 应用于酶的固定化和包封中，但在应用过程中会受到酶的结构和性质（稳定性）的局限性。最关键的问题是 MOF 的孔隙率，不能有效地应用。由于功能化 MOF 孔径较小，酶的分子尺寸较大，常常会将 MOF 的孔隙堵塞[11]。

5.3　解决方案

5.3.1　通过将 MOF 与 MNPs 结合提高功能化 MOF 的吸附性能

MNPs 因其独特的物理化学性质而被广泛应用于催化剂、光电子学、化学传感器领域[12]。然而，自由的 MNPs 存在松散聚集和不稳定的问题。为了改变这些情况，引入了 MOF。简而言之，MOF 的纳米级腔或开放通道用于封装 MNPs，从而解决了 MNPs 聚集问题，也使 MNPs 稳定[13]。MOF-MNPs 复合材料显示出良好的催化、光学和导电性能。Xu 等[14]通过将预合成的 Pt NPs 封装在 UiO-66 的主体基质中，制备了 Pt NPs@UiO-66 的核-壳结构。Pt NPs @ UiO-66 对 H_2O_2 氧化具有显著的电催化活性，可以设计具有良好抗干扰性能的非酶传感器。Da 等[15]通过封装将 Au NPs 固定到 MOF 的表面，以获得用于制备双酚 A 识别的传感器的 Au NPs@MOF 复合材料。传感器显示出增加的电活性表面积，Au NPs 增强了双酚 A 分析物信号 2.5 倍的检测。纳米级金属有机框架（nMOF）已经获得了相当大的关注，具有重要的潜在应用。Wang 等[16] 通过配位驱动的自组装来调节 MOF-MNPs 的催化和荧光猝灭行为。作为概念验证，通过在常用的 Fe-MOF 即 MIL-88B-NH$_2$/Pt 上负载铂纳米粒子（Pt NPs）合成了一种协同且稳定的 MOF-金属纳米复合材料，作为 MOF 复合材料模型勘探。与 ATP 的络合有效地打破了模拟过氧化物酶的 MIL-88B-NH 的 pH 限制 Pt 纳米酶，在碱性条件下催化活性提高 10 倍。这项工作提供了一种通过表面工程调整 MOF-MNPs 内在活性的方法，有利于功能纳米材料的设计和先进生物传感系统的开发。MOF-MNPs 在化学传感中具有巨大的发展潜力。

5.3.2　将更多功能性物质用于构建功能化 MOF 以扩大其应用领域

石墨烯、氧化石墨烯、CNT、单壁碳和多壁 CNT 等碳材料广泛应用于各个领域，具有导电性好、比表面积大、表面有大量活性官能团的特点。MOF 掺杂的碳纳米材料具有良好的导电性和选择性吸附性能[16]。碳材料是 MOF 复合材料的重要填料。Saraf 等[17] 开发了一种通过超声合成的新型 Cu-MOF/rGO 复合材料。Cu-MOF/rGO 修饰的电极可以检测样品中的亚硝酸盐。Song 等[18] 构建了用于 AA 传感的 MOF-5/ 三维-洋麻茎衍生的多孔碳（KSC）复合材料。球形多孔 MOF-5 微结构通过一步水热法均匀排列在 KSC 表面。该传感器具有高灵敏度和宽线性范围。

分子表现出某些性质，如催化和发光。通过共价键、非共价键或包封方法将分子固定在 MOF 的内部或表面中，以获得 MOF 化合物复合材料[19]。Sha 等[20] 通过 MOF 封装 a-CD，开发了 Na-a-CD-MOF 材料作为新型 MOF 复合材料。Na-a-CD-MOF 比 a-CD 基质具有更高的药物吸附能力，并具有出色的再生性，环境友好性和生物相容性。Hod 等[21] 将二茂铁分子固定在宽通道 NU-1000 MOF 内以合成 Fc-NU-1000。该复合材料显示出良好的电催化活性和光电性能，是其在电化学传感器中的理想应用。MOF-分子复合材料作为化学传感器具有巨大的发展潜力。

MOF-多组分材料将 MOF 与两种或两种以上的功能材料结合，可以表现出不同的功能，进一步丰富 MOF 复合材料的功能，满足技术进步[22]。Hu 等[23] 首先通过一锅法合成了 Fe$_3$O$_4$/g-C$_3$N$_4$/HKUST-1 复合材料，以构建用于成功检测玉米中曲霉毒素 A 的荧光传感器。Ma 等[24] 开发了一种通过一锅法将 Fe$_3$O$_4$NPs 和碳点封装到 ZIF-8 腔中合成的比率荧光纳米探针。

5.3.3 将更稳定的材料构建功能化 MOF 以改善其催化性能

目前许多功能化 MOF 已被广泛应用于催化领域，但功能化 MOF 仍然存在许多问题，如催化活性较低[25]，为了解决这一问题，需采用较为稳定的材料来构建功能化 MOF，如酶、量子点、分子物质等，通过将 MOF 与这些材料结合，MOF 的优点（多孔结构、化学多功能性和结构可剪裁性）和各种功能材料（独特的催化、光学、电学、磁学性能和机械强度）可以有效地结合；此外，通过协同效应可以产生新的物理和化学性质[26]。因此，MOF 与这些材料的结合显著增强催化的活性。酶是具有催化功能的蛋白质，其效率高于一般的无机催化剂。然而，游离酶很容易变形和失活，并且不可高度回收。因此，酶被掺杂到 MOF 的结构中。由于酶和 MOF 的协同作用，MOF-酶复合材料表现出高回收率、良好的稳定性和优异的催化性能[27]。Lykourinou 等[28]将微过氧化物酶-11（MP-11）固定在介孔 MOF 中以获得具有优异酶催化作用的 MP-11@mesoMOF。Shieh 等通过共沉淀将 CAT 分子插入 ZIF-90 晶体中，得到 CAT@ZIF-90，其对过氧化物降解具有良好的催化活性。总之，酶-MOF 复合材料表现出比游离酶更好的催化效果，具有很大的应用潜力。

5.3.4 利用更加稳定的 MOF 来构建功能化 MOF 以提高其稳定性

MOF 因其巨大的比表面积，结构和功能可调等优势而被用于吸附领域，功能化 MOF 材料也被用于污染物的吸附，但是在吸附过程中，功能化 MOF 的易受到 pH 和溶液中存在的离子影响，导致其稳定性较差。MOF 中的 UiO-66 由于其特殊的结构而成功用于水中污染物的处理，更重要的是，UiO-66 表现出高的热稳定性，具有优异的化学稳定性以及在高压下优异的机械抗性。Wu 等[29]利用乙二胺四乙酸（EDTA）固定金属有机框架（UiO-66）合成了一种用于吸附水中的 Pb^{2+}，在水中的稳定性较好，其最大吸附量为 357.9 mg/g。Mo 等[30]利用乙二胺四亚甲基磷酸盐（EDTMP）修饰缺陷 UiO-66 去除水中的 Pb^{2+}。结果表明 UiO-66 的最大吸附量为 381.195 mg/g，达到平衡的时间为 480 min，在不同的 pH 和温度下均有较好的稳定性。

参考文献

[1] ZHAO S N, SONG X Z, SONG S Y, et al. Highly efficient heterogeneous catalytic materials derived from metal–organic framework supports/precursors[J]. Coordination chemistry reviews, 2017, 337: 80-96.

[2] ZHANG X, WANG J, DONG X X, et al. Functionalized metal–organic frameworks for photocatalytic degradation of organic pollutants in environment[J]. Chemosphere, 2020, 242: 125144.

[3] XIA N, CHANG Y, ZHOU Q, et al. An overview of the design of metal–organic frameworks-based fluorescent chemosensors and biosensors[J]. Biosensors, 2022, 12 (11): 928.

[4] LV M, ZHOU W, TAVAKOLI H, et al. Aptamer-functionalized metal–organic frameworks (MOFs) for biosensing[J]. Biosensors and bioelectronics, 2020, 176: 112947.

[5] KARIMZADEH Z, MAHMOUDPOUR M, GUARDIA M D L, et al. Aptamer-functionalized metal organic frameworks as an emerging nanoprobe in the food safety field: promising development opportunities and translational challenges[J]. TrAC trends in analytical chemistry, 2022, 152: 116622.

[6] ZHANG Z H, LOU Y F, GUO C P, et al. Metal–organic frameworks (MOF) based chemosensors/biosensors for analysis of food contaminants[J]. Trends in food science & technology, 2021, 118: 569-588.

[7] HU Z J, CHEN Z Y, CHEN X W, et al. Advances in the adsorption/enrichment of proteins/peptides by metal–organic frameworks-affinity adsorbents[J]. Trends in analytical chemistry, 2022, 153: 116627.

[8] WU G G, MA J P, LI S, et al. Functional metal organic frameworks as adsorbents used for water decontamination: design strategies and applications[J]. Journal of materials chemistry A, 2023, 11 (13): 6747-6771.

[9] MOHAN B, KUMAR S, VIRENDER, et al. Analogize of metal–organic frameworks (MOFs) adsorbents functional sites for Hg^{2+} ions removal[J]. Separation and purification technology, 2022, 297: 121471.

[10] DU L P, CHEN W, ZHU P, et al. Applications of functional metal–organic frameworks in biosensors[J]. Journal of biotechnology, 2021, 16 (2): e1900424.

[11] HU Y L, DAI L M, LIU D H, et al. Progress & prospect of metal–organic frameworks (MOF) for enzyme immobilization (enzyme/MOF)[J]. Renewable and sustainable energy reviews, 2018, 91: 793-801.

[12] MASIH D, CHERNIKOVA V, SHEKHAH O, et al. Zeolite-like metal–organic framework (MOF) encaged Pt(II)-porphyrin for anion-selective sensing[J]. ACS Applied materials & interfaces, 2018, 10 (14): 11399-11405.

[13] LIN X Y, LI Y H, QI M Y, et al. A unique coordination-driven route for the precise

nanoassembly of metal sulfides on metal–organic frameworks[J]. Nanoscale horiz, 2020, 5 (4): 714-719.

[14] XU Z D, YANG L Z, XU C L. Pt@UiO-66 heterostructures for highly selective detection of hydrogen peroxide with an extended linear range[J]. Analytical chemistry, 2015, 87 (6): 3438-3444.

[15] DA SILVA C T P, VEREGUE F R, AGUIAR L W, et al. AuNp@MOF composite as electrochemical material for determination of bisphenol A and its oxidation behavior study[J]. New journal of chemistry, 2016, 40 (10): 8872-8877.

[16] WANG M Q, ZHAO Z H, GONG W J, et al. Modulating the biomimetic and fluorescence quenching activities of metal–organic framework/llatinum nanoparticle composites and their applications in molecular biosensing[J]. ACS Applied materials & interfaces, 2022, 14 (18): 21677-21686.

[17] SARAF M, RAJAK R, MOBIN S M. A fascinating multitasking Cu-MOF/rGO hybrid for high performance supercapacitors and highly sensitive and selective electrochemical nitrite sensors[J]. Journal of materials chemistry A, 2016, 4 (42): 16432-16445.

[18] SONG Y G, GONG C C, SU D, et al. A novel ascorbic acid electrochemical sensor based on spherical MOF-5 arrayed on a three-dimensional porous carbon electrode[J]. Analytical methods, 2016, 8 (10): 2290-2296.

[19] PALANI VELAYUDA SHANMUGASUNDRAM H P, JAYAMANI E, SOON K H. A comprehensive review on dielectric composites: Classification of dielectric composites[J]. Renewable and sustainable energy reviews, 2022, 157: 112075.

[20] SHA J Q, YANG X Y, SUN L J, et al. Unprecedented α-cyclodextrin metal–organic frameworks with chirality: structure and drug adsorptions[J]. Polyhedron, 2017, 127: 396-402.

[21] HOD I, BURY W, GARDNER D M, et al. Bias-switchable permselectivity and redox catalytic activity of a ferrocene-functionalized, yhin-film metal–organic framework compound[J]. The journal of physical chemistry letters, 2015, 6 (4): 586-591.

[22] WEI S C, LI Y F, LI K, et al. Biofilm-inspired amyloid-polysaccharide composite materials[J]. Applied materials today, 2022, 27.

[23] HU S S, OUYANG W J, GUO L H, et al. Facile synthesis of Fe_3O_4/g-C_3N_4/HKUST-1 composites as a novel biosensor platform for ochratoxin A[J]. Biosens bioelectron, 2017, 92: 718-723.

[24] MA Y J, XU G H, WEI F D, et al. One-pot synthesis of a magnetic, ratiometric fluorescent nanoprobe by encapsulating Fe_3O_4 magnetic nanoparticles and dual-emissive rhodamine B modified carbon dots in metal–organic framework for enhanced HClO sensing[J]. ACS Applied materials & interfaces, 2018, 10 (24): 20801-20805.

[25] CHEN L Y, XU Q. Metal–organic framework composites for catalysis[J]. Matter, 2019, 1 (1): 57-89.

[26] XU C P, FANG R Q, LUQUE R, et al. Functional metal-organic frameworks for catalytic applications[J]. Coordination chemistry reviews, 2019, 388: 268-292.

[27] SHEN Y, PAN T, WANG L, et al. Programmable logic in metal–organic frameworks for catalysis[J]. Advanced materials, 2021, 33 (46): e2007442.

[28] LYKOURINOU V, CHEN Y, WANG X S, et al. Immobilization of MP-11 into a mesoporous metal–organic framework, MP-11@mesoMOF: a new platform for enzymatic catalysis[J]. Journal of the American chemical society, 2011, 133 (27): 10382-10385.

[29] WU J, ZHOU J, ZHANG S W, et al. Efficient removal of metal contaminants by EDTA modified MOF from aqueous solutions[J]. Journal of colloid and interface science, 2019, 555: 403-412.

[30] MO Z L, ZHANG H, SHAHAB A, et al. Functionalized metal–organic framework UIO-66 nanocomposites with ultra-high stability for efficient adsorption of heavy metals: kinetics, thermodynamics, and isothermal adsorption[J]. Journal of the Taiwan institute of chemical engineers, 2023, 146: 104778.

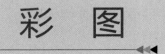

彩　图

M O F

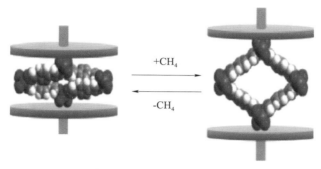

$+CH_4$

$-CH_4$

彩图 1　柔性金属有机框架

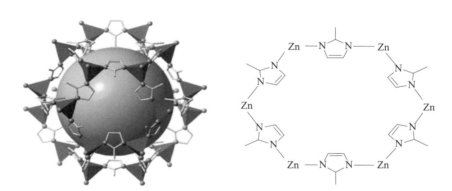

彩图 2　ZIF-8 晶体结构（左）与 ZIF-8 结构框架（右）

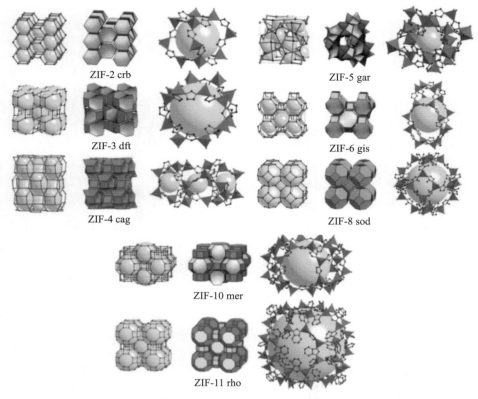

ZIF-2 crb   ZIF-5 gar

ZIF-3 dft   ZIF-6 gis

ZIF-4 cag   ZIF-8 sod

ZIF-10 mer

ZIF-11 rho

彩图 3　ZIFs 的单晶 X 射线结构

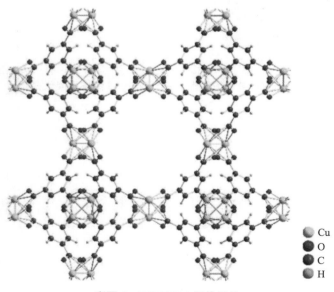

Cu
O
C
H

彩图 4　HKUST-1 晶体结构

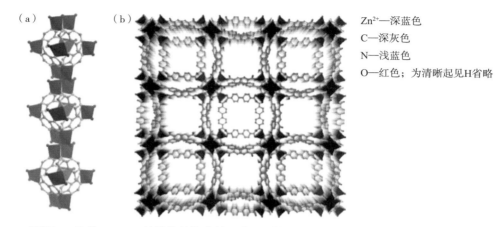

Zn²⁺—深蓝色

C—深灰色

N—浅蓝色

O—红色；为清晰起见H省略

彩图 5　生物 MOF-1 的晶体结构由锌 - 腺嘌呤柱组成（a），通过联苯二甲酸酯连接器将其连接成三维框架，形成沿 c 方向具有一维孔道的材料（b）

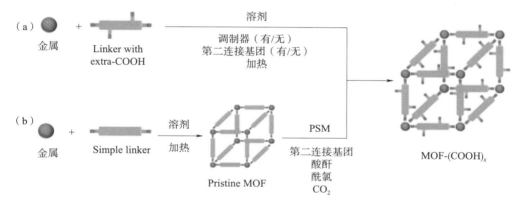

彩图 8　（a）H₄BTeC 直接合成法和（b）PSM

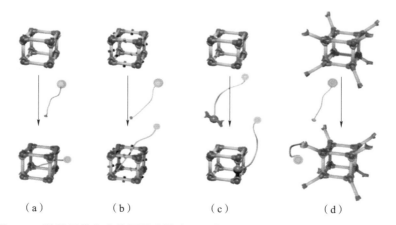

彩图 10　4 种使用带有官能团的连接分子以共价结合方式对 MOF 进行功能化方法

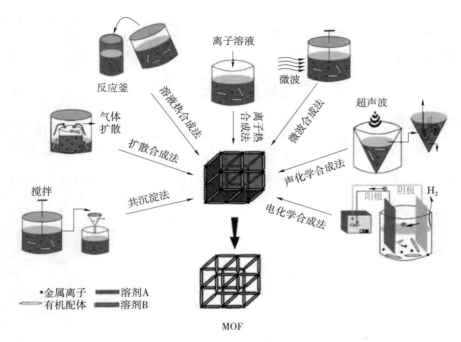

彩图 11　MOF 的不同合成方式

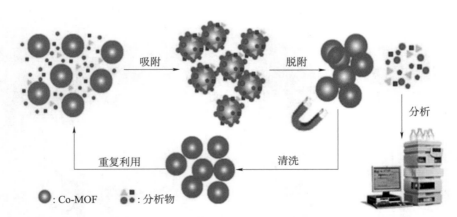

彩图 13　采用 Co-MOF 作为 MSPE 吸附剂联合 HPLC-UV 检测新烟碱类杀虫剂

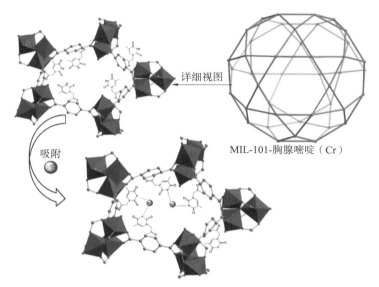

彩图 14　Hg²⁺ 在汞吸附过程中与 MIL-101- 胸腺嘧啶上的胸腺嘧啶 N 配位

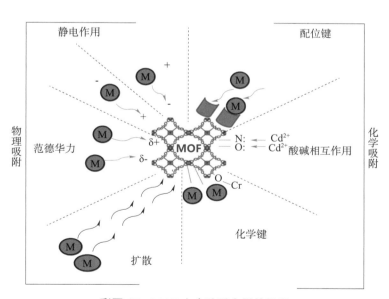

彩图 15　MOF 上去除重金属的机理

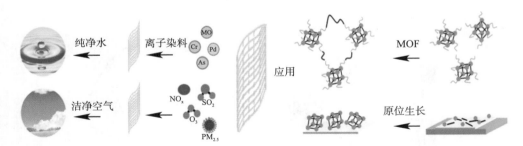

彩图16　MOF吸附VOCs的机理

彩图17　不同厚度的ZIF-8薄膜显示的不同颜色

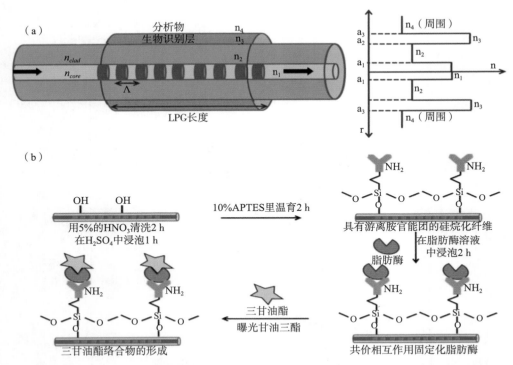

彩图18　（a）LPG光纤传感器探头的示意图（b）固定酶在光纤探头上创建生物识别层

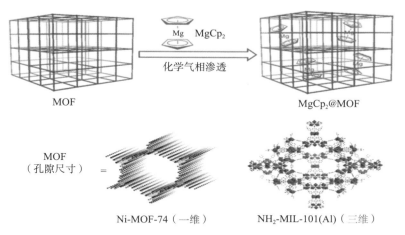

彩图 19　MgCp$_2$@MOF 结构示意图

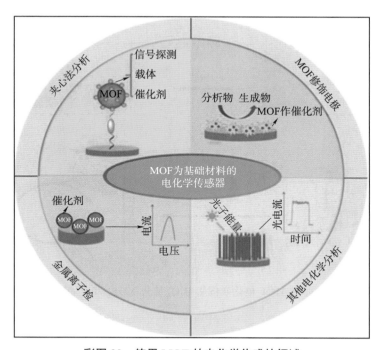

彩图 20　使用 MOF 的电化学传感的领域

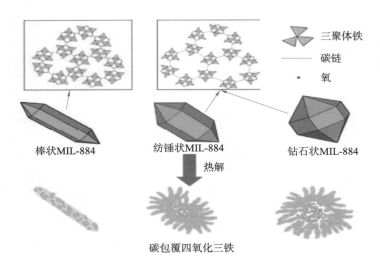

彩图 21　Fe-MOF（MIL-88A）作为模板不同层次的分级四氧化三铁/碳上层结构图

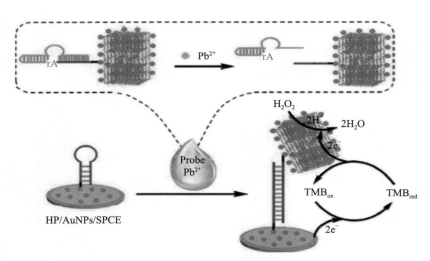

彩图 22　Fe 卟啉 MOF 电化学催化 H_2O_2 氧化 TMB，Pb^{2+} 的敏感检测图

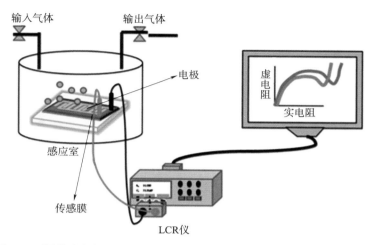

彩图 23　测量传感材料在与客体分子相互作用时阻抗变化的阻碍传感器示意图

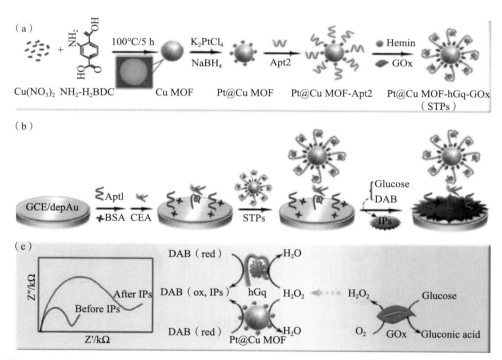

彩图 24　（a）制备 Pt@Cu MOF-hGq-GOx 纳米复合材料，（b）制备用于 CEA 的 EIS 传感器，
（c）级联催化 EIS 扩增

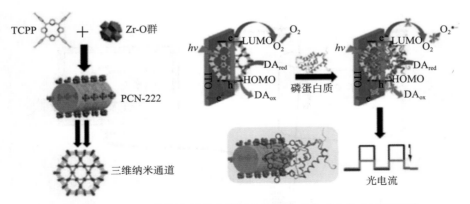

彩图 25　PCN-222 的制备及其在磷蛋白光电化学传感中的应用示意图

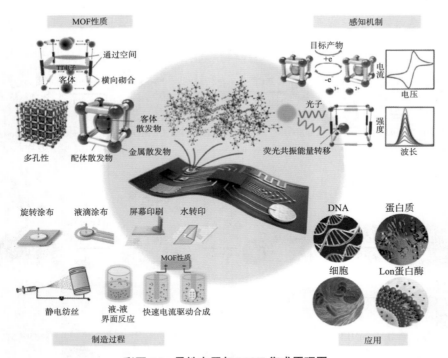

彩图 26　柔性电子与 MOF 集成原理图

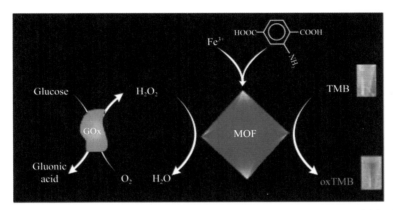

彩图 27　以 TMB 和 H$_2$O$_2$ 为反应剂的 Fe-MIL-88NH$_2$ MOF 过氧化物酶样活性及其在葡萄糖传感中的应用示意图

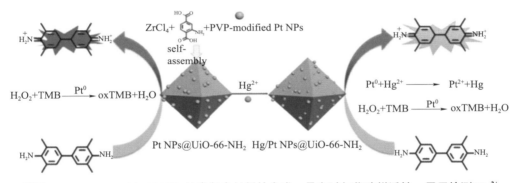

彩图 28　Pt NPs@UiO-66-NH$_2$ 纳米复合材料的合成，具有过氧化酶样活性，用于检测 Hg^{2+}

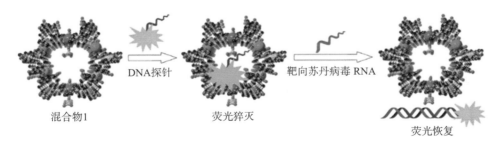

彩图 30　羧基荧光素标记单链 DNA 联合 Cu MOF 检测苏丹病毒 RNA 示意图

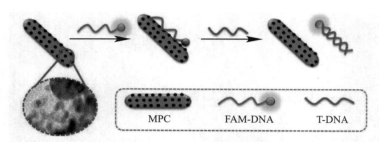

彩图 31　基于磁性多孔碳纳米复合材料的靶 T-DNA 荧光检测

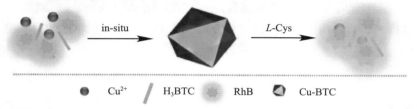

彩图 32　使用原位法（in-situ）合成的 *L*-半胱氨酸（*L*-Cys）荧光传感器 RhB@Cu-BTC

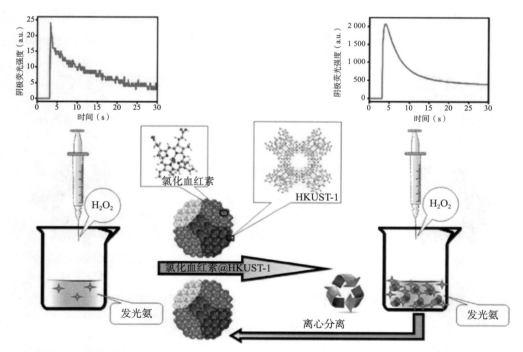

彩图 33　用于检测 H₂O₂ 的氯化血红素（Hemin）@HKUST-1 基化学发光传感器的构建

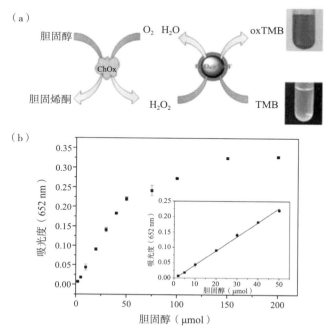

彩图 34 （a）使用胆固醇氧化酶和磁性 **MIL-100(Fe)** 比色法检测胆固醇的示意图，
（b）对应于胆固醇浓度的校准图

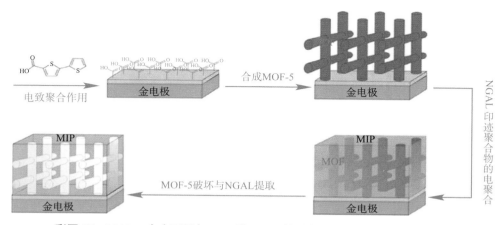

彩图 35　MOF-5 存在下制备 **MIP** 膜，用于构建基于 **FET** 的 **NGAL** 传感器

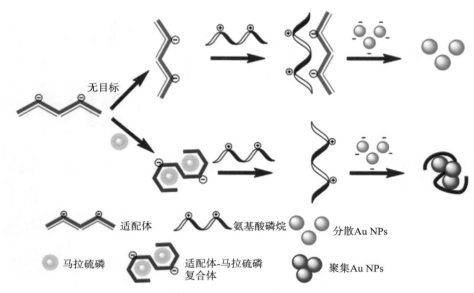

彩图 36　检测马拉硫磷原理图

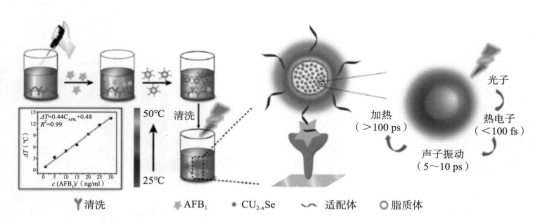

彩图 37　AFB1 检测原理示意图

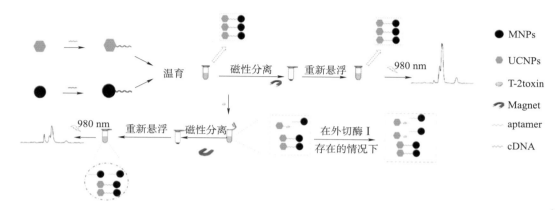

彩图 38　T-2 毒素检测原理示意图

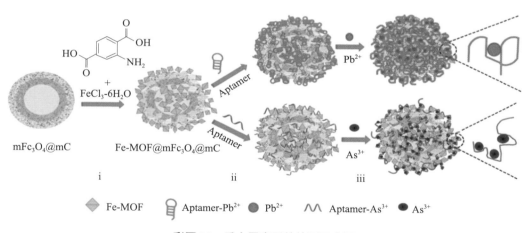

彩图 39　重金属离子的检测示意图

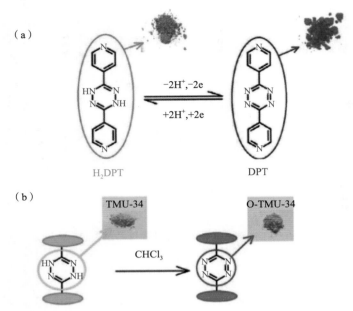

彩图 40 （a）H₂DPT 到 DPT 的可逆转化过程，（b）在添加三氯甲烷后，
二氢四嗪在 TMU-34 框架内转化为四嗪部分

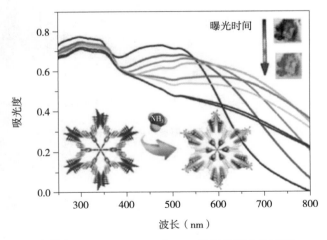

彩图 41 FJU-56 MOF 在 NH₃ 比色检测中的应用